环境监测与治理防护技术

HUANJING JIANCE YU ZHILI FANGHU JISHU

魏亚军　陈　琛　主编

中国农业出版社
农村读物出版社
北　京

图书在版编目（CIP）数据

环境监测与治理防护技术 / 魏亚军，陈琛主编. —
北京：中国农业出版社，2023.8
ISBN 978-7-109-30983-8

Ⅰ.①环… Ⅱ.①魏… ②陈… Ⅲ.①环境监测－研
究②环境综合整治－研究 Ⅳ.①X83②X3

中国国家版本馆 CIP 数据核字（2023）第 146969 号

中国农业出版社出版

地址：北京市朝阳区麦子店街 18 号楼
邮编：100125
责任编辑：张　丽
版式设计：王　晨　责任校对：张雯婷
印刷：北京中兴印刷有限公司
版次：2023 年 8 月第 1 版
印次：2023 年 8 月北京第 1 次印刷
发行：新华书店北京发行所
开本：700mm×1000mm　1/16
印张：11.5
字数：220 千字
定价：68.00 元

前 言
FOREWORD

　　近几年，中国经济快速发展，人民群众消费水平显著提高。但同时，全国的环境质量不容乐观。全国人大环境与资源委员会作报告指出，当前环境形势仍然相当严峻，长期积累的问题尚未解决，新的环境问题又在不断产生。发达国家上百年工业化过程中分阶段才出现的环境问题，在我国已经集中出现。工业固体废物的减量化工作进展缓慢，产量却逐年上升，堆存量大，水环境恶化趋势未能得到有效遏制。环境问题已成为困扰我国经济和社会发展的重要因素，因此加强环境保护是全面落实科学发展观、加快构建社会主义和谐社会、实现全面建设小康社会的有力保障。

　　为了更好地治理中国现存的环境问题，保护我们的生态环境，本书在介绍环境治理的前提下，概括了环境治理的防护技术内容，以便广大材料科学与工程、环境工程及相关专业的科研人员、工程技术人员和高等院校师生阅读和参考。

　　本书对环境监测与治理防护技术进行了详细阐述，共分为六章。第一章是绪论，其中包括环境监测的概述、环境污染和监测的特点、环境监测技术及环境标准、生态环境治理的目的及意义；第二章是对水和废水监测及防护的讲述，包括了水质监测以及水环境质量的评价等；第三章是大气和废气监测及防护，其中包括大气和废气监测方案制订、采集方式与采集仪器，以及大气污染物治理技术等；第四章是土壤环境质量监测及防护，内容涵盖土壤监测方案制订以及土壤改良和控制沙漠化的材料等；第五章是针对应急监测与环境质量监测保证的讲述，重点介绍了有突发事件时的应急监测技术；第六章是其他环境污染及防治，包括噪声污染及防治、放射性污染及防治、电磁辐射污染及防治、热污染及防治和光污染及防治。

为切实做好教学服务和科研事业服务的工作，我们不断加深与行业的联系，使本书的内容能及时地反映国家环保政策的变化、学术界最新的理论成果、行业应用的新设备及工艺流程，以达到提高专业人才培养质量的目的。

我们诚挚地希望使用本书的师生在教学实践中对本书提出宝贵建议，以便我们不断修订、改善、精益求精！

编　者

2021 年 12 月

目 录

CONTENTS

绪　论

环境监测是环境保护工作的重要基础和有效手段。它通过对环境质量指标进行监视和测定，以确定环境污染状况和环境质量的高低。经过多年的实践和研究，当前的环境监测在理论、技术和方法上都有了一定的进步和发展。

第一节　环境监测的概述

一、环境监测的目的

环境监测的目的是准确、及时、全面地反映环境质量现状及发展趋势，为环境管理、污染源控制、环境规划提供科学依据。可具体归纳为以下几个方面。

（1）根据环境质量标准对环境质量做出评价。

（2）根据污染分布情况，追踪寻找污染源，为实现监督管理、控制污染提供依据。

（3）收集环境本底数据、积累长期监测资料，为研究环境容量、实施总量控制和目标管理、预测预报环境质量提供依据。

（4）为保护人类健康、保护环境，合理利用自然资源、制订环境法规、标准、规划等服务。[①]

二、环境监测的分类

（一）按监测介质分类

环境监测按监测介质（环境要素）分类，可分为空气监测、水质监测、土壤监测、固体废物监测、生物监测与生物污染监测、生态监测、物理污染监测（包括噪声和振动监测、放射性监测、电磁辐射监测）和热污染监测等。

（二）按监测目的分类

1. 监视性监测

监视性监测是对环境要素的污染状况及污染物的变化趋势进行监测，以达到确定环境质量或污染状况、评价污染控制措施效果和衡量环境标准实施情况

---

① 李理，梁红．环境监测［M］．武汉：武汉理工大学出版社，2018.

等目的。监视性监测是各级环境监测站监测工作的主体，所积累的环境监测数据是确定一定区域内环境污染状况及发展趋势的重要基础。

监视性监测包括以下两方面的工作。

（1）环境质量监测。它是指对所在地区的水体、空气、噪声、固体废物等的常规监测。

（2）污染源监督监测。它是指对所在地区的污染物浓度、排放总量、污染趋势等的监测。

2. 特定目的性监测

特定目的性监测是为完成某项特殊任务而进行的应急监测，是不定期、不定点的监测。这类监测除一般的地面固定监测外，还有流动监测、低空航测、卫星遥感监测等形式。特定目的性监测可分为以下 5 种。

（1）污染事故监测。它是指对各种突发污染事故进行的现场应急监测。该监测要摸清事故的污染程度和范围，以及造成危害的大小等，为控制和消除污染提供决策依据。例如，油船石油溢出事故造成的海洋污染监测、核泄漏事故引起的放射性污染监测、工业污染源各类突发性的污染事故监测等。

（2）仲裁监测。它主要是针对环境法律法规执行过程中所发生的矛盾和环境污染事故引起的纠纷而进行的监测。例如，排污收费、数据仲裁、调解处理污染事故纠纷时向司法部门提供的仲裁监测等。仲裁监测应由国家指定的具有质量认证资质的单位或部门承担。

（3）考核验证监测。它一般包括环境监测技术人员的业务考核、上岗培训考核、环境监测方法验证和污染治理项目竣工验收监测等。

（4）综合评价监测。它是指针对某个工程或建设项目的环境影响评价而进行的综合性环境现状监测。

（5）咨询服务监测。它是指向其他社会部门提供科研、生产、技术咨询、环境评价和资源开发保护等服务时需要进行的服务性监测。[①]

3. 研究性监测

研究性监测是专门针对科学研究而进行的监测，属于技术比较复杂的一种监测，往往要求多部门、多学科协作才能完成。一般包含以下 3 种情况。

（1）标准方法、标准样品研制监测。它是指为制订、统一监测分析方法和研制环境标准物质（包括标准水样、标准气、土壤、尘等）所进行的监测。

（2）污染规律研究监测。它主要研究污染物从污染源到受体的转移过程，以及污染物对人、生物和生态环境的影响。

（3）背景调查监测。它主要指监测专项调查某区域环境中污染物质的原始

---

① 李理，梁红. 环境监测［M］. 武汉：武汉理工大学出版社，2018.

背景值或本底含量。

三、环境监测的原则

(一) 监测对象的原则

(1) 在实地调查的基础上，针对污染物的性质（如毒性、扩散性等），选择那些毒性大、危害严重、影响范围广的污染物。

(2) 对选择的污染物必须有可靠的检测手段和有效的分析方法，从而保证能获得准确、可靠、有代表性的数据。

(3) 对监测数据能做出正确的解释和判断。如果该监测数据既无标准可循，又不能解释对人体健康和生物的影响，会使监测工作陷入盲目的地步。

(二) 优先监测的原则

需要监测的项目往往很多，但不可能同时进行，必须坚持优先监测的原则。对影响范围广的污染物要优先监测，燃煤污染、汽车尾气污染是全世界的问题，许多公害事件就是由它们造成的。因此，目前在大气中要优先监测的项目有二氧化硫、氮氧化物、一氧化碳、臭氧、飘尘及其组分、降尘等。水质监测可根据水体功能的不同，确定优先监测项目，如饮用水源要根据饮用水标准列出的项目安排监测。对于那些具有潜在危险且污染趋势有可能上升的项目，也应列入优先监测的范围。

第二节　环境污染和监测的特点

一、环境污染的特点

(一) 广泛性

广泛性是指各种污染物的污染影响范围在空间和时间上都比较广。由于污染源强度、环境条件的不同，各种污染物质的分散性、扩散性、化学活动性存在差异，污染的范围和影响也就不同。空间污染范围有局部的、区域的、全球的，污染影响时间有短期的、长期的。一个地区可以同时存在多种污染物质，一种污染物质也可以同时分布在若干区域。

(二) 复杂性

复杂性是指影响环境质量的污染物种类繁多，成分、结构、物理化学性质各不相同。监测对象的复杂性包括污染物的分类复杂性和污染物存在形态的复杂性。

(三) 易变性

易变性是指环境污染物在环境条件的作用下发生迁移、变化或转化的性质。迁移是指污染物空间位置的相对移动，迁移可导致污染物扩散、稀释或富集；转化是指污染物形态的改变，如物理相态，化学化合态、价态的改变等。迁移和转化不是毫无关联的过程，污染物在环境中的迁移常常伴随着形态的转化。

二、环境监测的特点

（一）综合性

环境监测是一项综合性很强的工作，其手段包括物理、化学、生物、物理化学、生物化学等一切可以表征环境质量的方法。另外，环境监测的对象包括空气、水、土壤、固体废物、生物等，准确描述环境质量状况的前提是对这些监测对象进行客观、全面的综合分析。

（二）连续性

环境污染的时间、空间分布具有广泛性、复杂性和易变性的特点。因此，只有开展长期、连续性的监测，才能从大量监测数据中发现环境污染的变化规律，并预测其变化趋势。数据越多，监测周期越长，预测的准确度就越高。

（三）追溯性

环境监测包含现场调查、监测方案制订、优化布点、样品采集、运送保存、分析测试、数据处理、综合评价等环节，是一项复杂的系统工作。任何一个环节出现差错都将对最终数据的准确性产生直接影响。为保证监测结果准确，必须先保证监测数据的准确性、可比性、代表性和完整性。因此，环境监测过程一般都需建立相应的质量保障体系，确保每一个工作环节和监测数据都是可靠的、可追溯的。[1]

三、环境优先监测

环境中可能存在的污染物种类繁多，不同种类的污染物的含量和危害程度往往不尽相同，在实际工作中很难做到对每一种污染物都开展监测。在人力、物力和技术水平等有限的条件下，往往只能有重点、有针对性地对部分污染物进行监测和控制。这就要求按照一定的原则，根据污染物的潜在危害、浓度和出现频率等情况对环境中可能存在的众多污染物质进行分级排序，从中筛选出潜在危害较大、出现频率较高的污染物作为监测和控制的重点对象。在这一筛选过程中被优先选择为监测对象的污染物称为环境优先污染物，简称优先污染物（priority pollutants）。针对优先污染物进行的环境监测称为环境优先监测。

从世界范围看，美国是最早开展环境优先监测的国家。美国在 20 世纪 70

---

① 李理，梁红. 环境监测 [M]. 武汉：武汉理工大学出版社，2018.

年代颁布的《清洁水法案》中就明确规定了 129 种优先污染物，其后又增加了 43 种空气优先污染物。欧盟早在 1975 年就在《关于水质的排放标准》的技术报告中列出了环境污染物的"黑名单"和"灰名单"。

早期监测和控制的优先污染物主要是一些在环境中浓度高、毒性大的无机污染物，如重金属等，其危害多表现为急性毒性的形式。由于其在环境中浓度高，因而容易获得监测数据。而对于有机污染物，由于其种类较多、含量较低且分析检测技术水平有限，所以一般用综合性指标，如化学需氧量（COD）、总有机碳（BOD）、生化需氧量（TOC）等来反映。随着人类社会和科学技术的不断发展，人们逐渐认识到一些浓度极低的有机污染物在环境和生物体内长期累积，也会对人类健康和环境造成极大的危害。这些含量极低（一般为痕量）的有毒有机物对 COD、BOD、TOC 等综合指标影响甚小，但对人体健康和环境的危害很大。因此，这类污染物也逐渐被列为优先污染物进行监测和控制。

环境优先污染物一般都具有以下特点：潜在危害大（毒性大）；影响范围广；难以降解；浓度已接近或超过规定的浓度标准或其浓度呈大幅上升趋势。目前针对这类污染物已有可靠的分析检测方法。

中国环境监测总站在已完成的《中国环境优先监测研究》中提出了"中国环境优先污染物黑名单"（表 1－1），包括 14 种化学类别、68 种有毒化学物质，其中有机物占 58 种。表中标有"△"符号的为推荐近期实施的污染物名单，包括 12 个类别、47 种有毒化学物质，其中有机物占 38 种。

表 1－1　中国环境优先污染物黑名单

化学类别	名称
卤代烃（烷、烯）类	二氯甲烷、三氯甲烷△、四氯化碳△、1,2-二氯乙烷△、1,1,1-三氯乙烷、1,1,2-三氯乙烷、1,1,2,2-四氯乙烷、三氯乙烯△、四氯乙烯△、三溴甲烷△
苯系物	苯△、甲苯△、乙苯△、邻二甲苯、间二甲苯、对二甲苯
氯代苯类	氯苯△、邻二氯苯△、对二氯苯△、六氯苯
多氯联苯类	多氯联苯△
酚类	苯酚△、间甲酚△、2,4-二氯苯酚△、2,4,6-三氯苯酚△、五氯酚△、对硝基酚△
硝基苯类	硝基苯△、对硝基甲苯△、2,4-二硝基甲苯、三硝基甲苯、对硝基氯苯△、2,4-二硝基氯苯△
苯胺类	苯胺△、二硝基苯胺、对硝基苯胺、2,6-二氯-4-硝基苯胺

（续）

化学类别	名称
多环芳烃	萘、荧蒽、苯并 [b] 荧蒽、苯并 [k] 荧蒽、苯并 [a] 芘△、茚并 [1，2,3-cd] 芘、苯并 [g,h,i] 芘
酞酸酯类	酞酸二甲酯、酞酸二丁酯、酞酸二辛酯△
农药	六六六△、滴滴涕△、敌敌畏△、乐果△、对硫磷△、甲基对硫磷△、除草醚△、敌百虫△
丙烯腈	丙烯腈
亚硝胺类	N-亚硝基二丙胺、N-亚硝基二正丙胺
氰化物	氰化物△
重金属及其化合物	砷①及其化合物△、铍及其化合物△、镉及其化合物△、铬及其化合物△、铜及其化合物△、铅及其化合物△、汞及其化合物△、镍及其化合物△、铊及其化合物△

注①：砷的污染性质与重金属类似，故与重金属一起讨论。

第三节　环境监测技术及环境标准

一、环境监测技术

（一）化学分析法

1. 重量分析法

重量分析法是指使用适当的方法先将试样中的待测组分与其他组分进行分离并转化为一定的形式，再用称量的方式测定该组分含量的分析方法。重量分析法在环境监测中主要用于环境空气中悬浮颗粒物（PM10、PM2.5）、降尘以及水体中悬浮固体、残渣、油类等项目的测定。

2. 容量分析法

容量分析法是指将一种已知准确浓度的溶液（标准溶液）滴加到含有被测物质的溶液中，根据化学定量反应完成时消耗标准溶液的体积和浓度，计算出被测组分含量的一种分析方法。根据化学反应类型的不同，容量分析法分为酸碱滴定法、配位滴定法、沉淀滴定法和氧化还原滴定法 4 种。容量分析法主要用于水中酸碱度、化学需氧量、生化需氧量、溶解氧、硫化物、氰化物、硬度等项目的测定。

（二）仪器分析法

仪器分析法是指利用被测物质的物理或化学性质来进行分析的方法。由于这类分析方法一般需要借助相应的分析仪器，因此称为仪器分析法。目前，仪器分析法已广泛应用于对环境污染物的定性和定量分析中。在环境监测中常用的仪器分析法有光谱分析法（包括紫外-可见分光光度法、红外分光光度法、原子吸收分光光度法、原子荧光法、X 射线荧光光谱法等）、质谱法、色谱分析法（包括气相色谱法、高效液相色谱法、离子色谱法、气-质联用、液-质联用等）、电化学分析法（包括电位分析法、极谱分析法等）等。例如，污染物中无机金属和非金属的测定常用光谱分析法；有机物的测定常用色谱分析法；污染物的定性分析和结构分析常采用紫外-可见分光光度法、红外分光光度法、质谱法等。

（三）生物监测

生物监测是指利用生物个体、种群或群落对环境污染所产生的反应，从生物学角度对环境污染状况进行监测和评价的一门技术。

生物监测包括生物体内污染物含量的测定、观察生物在环境中受伤害症状、生物的生理生化反应的测定、生物群落结构和种类变化的监测等方面。例如，根据指示植物叶片上出现的受伤害症状，可对大气污染做出定性和定量的判断；利用水生生物受到污染物毒害所产生的生理机能（如鱼的血脂活力）变化，可判断水质污染状况等。所以，这种方法监测的结果最直接反映环境综合质量。

（四）"3S" 技术

"3S" 是遥感（remote sensing，RS）、地理信息系统（geographical information system，GIS）和全球定位系统（global positioning system，GPS）的简称。"3S" 技术就是遥感技术（RS）、地理信息系统（GIS）和全球定位系统（GPS）的统称。

环境遥感是一种利用遥感技术探测和研究环境污染的空间分布、时间尺度、性质、发展动态、影响和危害程度，以便采取环境保护措施或制定生态环境规划的遥感活动。环境遥感技术可以分为摄影遥感技术、红外扫描遥测技术、相关光谱遥测技术、激光雷达遥测技术。如可以通过红外光谱（FTIR）遥测大气中 CO_2 浓度、VOC 的变化，用车载差分吸收激光雷达系统遥测 SO_2 等。[1] 采用卫星遥感技术可以连续、大范围地对不同空间的环境变化及生态问题进行动态观测，如海洋等大面积水体污染、大气中臭氧含量变化、环境灾害情况、城市生态及污染等。地理信息系统是一种功能强大的对各种空间信息在计算机平台上进行装载运送、处理及综合分析的工具。全球定位系统可提供高精度的地理定位方法，用于野外采样点定位，特别是海洋等大面积水体及沙漠地区的野外定点。

三种技术的结合，形成了对地球环境进行空间观测、空间定位及空间分析

---

① 李理，梁红．环境监测 [M]．武汉：武汉理工大学出版社，2018.

的完整技术体系，为扩大环境监测范围和功能、提高其信息化水平，以及对环境突发灾害事件的快速监测和评估等提供了有力的技术支持。

（五）环境监测技术发展

随着科学技术的不断发展和国家对生态环境管理要求的逐步提高，环境监测技术也随之不断发展。

目前，环境监测技术逐步向高灵敏度、高准确度、高分辨率方向发展。随着对环境污染物研究的不断深入，人们逐渐认识到环境中部分污染物的浓度虽然很低，但对人体和生态环境都会产生不同程度的危害，如挥发性有机物（VOCs）、二噁英和环境激素类化学品等。对这类污染物实施监测，必须借助痕量甚至超痕量分析技术，对监测方法及分析仪器灵敏度、准确度、分辨率等方面的要求也较高。因此，高灵敏度、高准确度、高分辨率的检测技术和分析仪器，如大型精密分析仪器、多仪器联用技术等被广泛地应用于环境监测工作中。

另外，当前的环境监测正逐步向自动化、标准化和网络化方向发展，环境监测仪器正在向便携化和复合化方向发展。"3S"技术和信息技术被广泛应用于环境监测中。现代生物技术在环境监测中的应用也逐渐增多。

二、环境监测网络与环境自动监测

（一）环境监测网络

环境监测工作是综合性科学技术工作与执法管理工作的有机结合。环境监测网络既具有收集、传输质量信息的功能，又具有组织管理功能。目前，国内外建立的环境监测网络主要有两种类型。一种是要素型，即按不同环境要素来建立监测网络，如美国国家环保局的环境监测网络。美国国家环保局设有3个国家级监测实验室（大气监测研究中心，水质监测研究中心，噪声、放射性、固体废弃物及新技术研究中心），分别负责全国各环境要素的监测技术、数据收集处理工作。另一种是管理型，即按行政管理体系来建立监测网络。该类型中监测站按行政层次设立，测点由地方环保部门控制。上述两种类型的监测网络如图1-1和图1-2所示。

我国各级环境监测站基本监测工作能力如表1-2所示。监测站基本监测能力主要以能否开展现行的《空气和废气监测分析方法》《水和废水监测分析方法》《环境监测技术规范（噪声部分）》等各种监测技术规范中列举的监测项目来衡量。原则上一、二级站（国家级、省级）必须具备各项目监测分析能力，其中大气和废气监测有61项，降水监测12项，水和废水监测70项，土壤底质固体废弃物监测12项，水生生物监测3大类，噪声、振动监测6项。三级站（市级）应尽可能全面具备各项目的监测能力。四级站（县级）监测除了以表 1－2 中画"＿"标记的为必监测项目外，还应根据当地污染特点尽可能增加相应的监测项目。

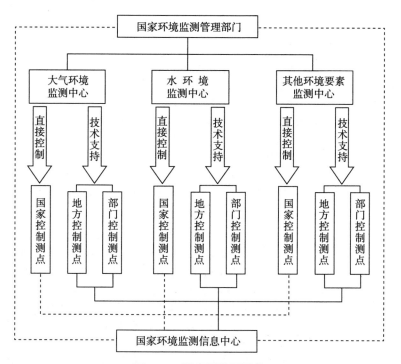

图 1－1 要素型监测网络

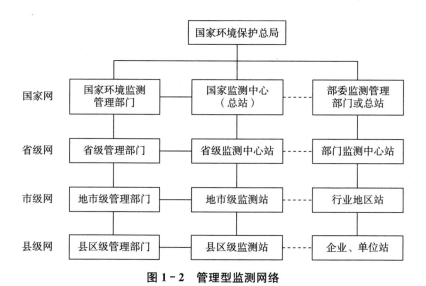

图 1－2 管理型监测网络

表1-2 环境监测站基本监测能力一览表

类别	监测项目
大气和废气监测 （61项）	一氧化碳、氮氧化物、二氧化氮、氨、氰化物、总氧化剂、光化学氧化剂、臭氧、氟化物、五氧化二磷、二氧化硫、硫酸盐化速率、硫酸雾、硫化氢、二硫化碳、氯气、氯化氢、铬酸、雾、汞、总烃及非甲烷烃、芳香烃（苯系物）、苯乙烯、苯并[a]芘、甲醇、甲醛、低分子量醛、丙烯醛、丙酮、光气、沥青烟、酚类化合物、硝基苯、苯胺、吡啶、丙烯腈、氯乙烯、氯丁二烯、环氧氯丙烷、甲基对硫磷、敌百虫、异氰酸甲酯、肼和偏二甲基肼、TSP、PM10、降尘、铍、铬、铁、硒、锑、铅、铜、锌、铬、锰、镍、镉、砷、烟尘及工业粉尘、林格曼黑度
降水监测 （12项）	电导率、pH、硫酸根、亚硝酸根、硝酸根、氯化物、氟化物、铵、钾、钠、钙、镁
水和废水监测 （70项）	水温、水流量、颜色、臭、浊度、透明度、pH、残渣、矿化度、电导率、氧化还原电位、银、砷、铍、镉、铬、铜、汞、铁、锰、镍、铅、锑、硒、钴、铀、锌、钾、钠、钙、镁、总硬度、酸度、碱度、二氧化碳、溶解氧、氨氮、亚硝酸盐氮、硝酸盐氮、凯氏氮、总氮、磷、氯化物、碘化物、氰化物、硫酸盐、硫化物、硼、二氧化硅（可溶性）、余氯、化学需氧量、高锰酸钾指数、五日生化需氧量、总有机碳、矿物油、苯系物、多环芳烃、苯并[a]芘、挥发性卤代烃、氯苯类化合物、六六六、滴滴涕、有机磷农药、有机磷、挥发性酚类、甲醛、三氯乙醛、苯胺类、硝基苯类、阴离子合成洗涤剂
土壤底质固体废弃物监测 （12项）	总汞、砷、铬、铜、锌、镍、铅、锰、镉、硫化物、有机氯农药、有机质
水生生物监测 （3类）	水生生物群落、水的细菌学测定、水生生物毒性测定
噪声、振动监测 （6项）	区域环境噪声、交通噪声、噪声源、厂界噪声、建筑工地噪声、振动

注：画"＿"标记为必监测项目。

（二）环境自动监测

要达到控制污染、保护环境的目的，必须掌握环境质量变化，进行定点、定时的人工采样与监测，月复一月、年复一年地积累各类监测数据，然后通过综合分析了解污染现状和找出其变化规律。因此，完成这项工作需要花费大量的人力、物力和财力。20世纪70年代初，世界上许多国家和地区就相继建立了可连续工作的大气和水质污染自动监测系统，使环境监测工作向连续自动化方向发展。环境自动监测系统的工作体系由一个中心监测站和若干个固定的监测分站（子站）组成（图 1-3）。

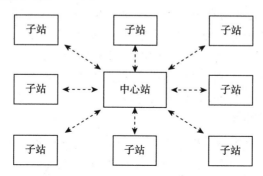

图 1-3 环境自动监测系统示意

环境自动监测系统 24 小时连续自动地在线工作，在正常运行时一般不需要人员参与，所有的监测活动（包括采样、检测、数据采集处理、数据显示、数据打印、数据储存等）都是在电脑的自动控制下完成的。

子站的主要工作任务包括通过电脑按预定的监测时间、监测项目进行定时定点样品采集、仪器分析检测、检测数据处理、定时向中心监测站传送检测数据等。

监测中心站的主要工作任务包括收集各子站的监测数据、数据处理、统计检验结果、打印污染指标统计表、绘制污染分布图、公布污染指数、发出污染警报等。

（三）我国环境监测网络

我国环境监测网络是在最初的管理型监测网络（按行政管理体系建立）的基础上逐步建立和完善的以环境要素为基础的跨部门、跨行政区的要素型监测网络，如三峡工程生态与环境监测系统信息管理中心、东亚酸沉降监测网中国网、国家海洋环境监测中心等。早在 20 世纪 90 年代初，我国就建立了国家环境质量监测网（简称国控网），形成了国家、省、市、县四级环境监测网络。自 1998 年起，设立了国家环境监测网络专项资金，用于环境监测能力和监测信息传输能力等方面建设。目前，我国已建成覆盖全国的自动化、标准化的环境质量监测网络，涵盖了城市空气质量自动监测系统、地表水质自动监测系统、污染源自动监测系统、近岸海域自动监测系统、生态监测系统等。

三、环境标准

（一）环境标准的作用

环境标准对于环境保护工作具有"依据、规范、方法"三大作用，是政策、法规的具体体现，是强化环境管理的基本保证。其作用体现在以下 4 个方面。

（1）环境标准是执行环境保护法规的基本手段，又是制定环境保护法规的重要依据。我国已经颁布的《环境保护法》《大气污染防治法》《水污染防治法》《海洋环境保护法》和《固体废物污染环境防治法》等法律都规定了相关实施环境标准的条款。它们是环境保护法规原则规定的具体化，提高了执法过程的可操作性，为依法进行环境监督管理提供了手段和依据，也是一定时期内环境保护目标的具体体现。

（2）环境标准是强化环境管理的技术基础。环境标准是实施环境保护法律、法规的基本保证，是强化环境监督管理的核心。如果没有各种环境标准，法律、法规的有关规定就难以有效实施，强化环境监督管理也无实际保证。如"三同时"制度、排污申报登记制度、环境影响评价制度等，都是以环境标准为基础建立并实施的。在处理环境纠纷和污染事故的过程中，环境标准是重要依据。

（3）环境标准是环境规划的定量化依据。环境标准用具体的数值来体现环境质量和污染物排放应控制的界限。环境标准中的定量化指标，是制定环境综合整治目标和污染防治措施的重要依据。依据环境标准，才能定量分析评价环境质量的优劣；依据环境标准，才能明确排污单位进行污染控制的具体要求和程度。

（4）环境标准是推动科技进步的动力。环境标准反映着科学技术与生产实践的综合成果，是社会、经济和技术不断发展的结果。应用环境标准可进行环境保护技术的筛选评价，促进无污染或少污染的先进工艺的应用，推动资源和能源的综合利用等。

此外，大量环境标准的颁布对促进环保仪器设备以及样品采集、分析、测试和数据处理等技术方法的发展也起到了强有力的推动作用。

（二）我国环境标准体系

我国的环境标准体系由国家环境保护标准、地方环境保护标准和国家环境保护行业标准三部分组成。我国环境标准体系构成如图 1－4 所示。

1. 国家环境保护标准

国家环境保护标准包括国家环境质量标准、国家污染物排放标准、国家环境监测方法标准、国家环境标准样品标准、国家环保仪器设备标准和国家环境基础标准六大类。

国家环境质量标准是指在一定的时间和空间范围内，为保护人群健康、维护生态平衡、保障社会物质财富，国家在考虑技术、经济条件的基础上，对环境中有害物质或因素的允许含量所做的限制性规定。它是国家环境政策目标的

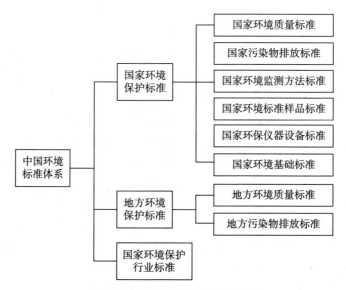

图 1-4 中国环境标准体系构成

具体体现，是制定污染物排放标准的依据，也是衡量环境质量的标尺。这类标准一般按照环境要素和污染要素划分，如大气质量标准、水质量标准、环境噪声标准以及土壤、生态质量标准等。

国家污染物排放标准是国家为实现环境质量标准目标，结合技术经济条件和环境特点，对排入环境的污染物或有害因素所做的限制性规定。它是实现环境质量标准的重要保证，也是对污染排放进行强制性控制的重要手段。

国家环境监测方法标准是国家为保证环境监测工作质量而对采样、样品处理、分析测试、数据处理等监测方法做出的统一规定。此类标准一般包含采样方法标准和分析测定方法标准。

国家环境标准样品标准是国家为保证环境监测数据的准确、可靠而对用来标定分析仪器、验证分析方法、评价分析人员技术和进行量值传递或质量控制的材料或物质所做的统一规定。

国家环境基础标准是指在环境保护工作范围内，国家对有指导意义的符号、代号、图形、量纲、指南、导则等所做的统一规定。它在环境标准体系中处于指导地位，是制定其他标准的基础。

除上述环境标准外，国家对环境保护工作中其他需要统一的方面也制定了相应的标准，如环保仪器设备标准等。目前，我国的环境基础标准、环境监测方法标准和环境标准样品标准已基本与国际通用的相关标准接轨。环境质量标准和污染物排放标准受具体国情和环境特点及技术条件的制约，一般不采用国际标准。

2. 地方环境保护标准

我国国土面积大，不同地区的自然条件、环境状况、产业分布和主要污染因子等情况存在较大差异，有时国家环境保护标准很难覆盖和适应全国各地的情况。地方环境保护标准是由省（自治区、直辖市）人民政府根据地方特点或针对国家标准中未作规定的项目制定的环境保护标准，是对国家环境保护标准的有效补充和完善。对国家标准中未作规定的项目，可以制定地方环境质量标准；对国家标准中已作规定的项目，可以制定严于国家标准的相应地方标准。地方环境保护标准可在本省（自治区、直辖市）所辖地区内执行。地方环境保护标准包括地方环境质量标准和地方污染物排放标准。环境基础标准、环境标准样品标准和环境监测方法标准不制定地方标准。在标准执行时，地方环境保护标准优先于国家环境保护标准。近年来，随着环境保护形势日趋严峻，一些地方已将总量控制指标纳入地方环境保护标准。

3. 国家环境保护行业标准

由于各类行业的生产情况不同，其产生和排放的污染物的种类、强度和方式各不相同，有些行业之间差异很大。因此，针对不同的行业需制定相应的环境保护标准才能与各行业的具体情况相适应。国家环境保护行业标准由国家环境保护行政主管部门针对不同行业的具体情况制定，在全国范围内执行。在环境保护领域，主要围绕污染物排放来制定行业标准。

污染物排放标准分为综合排放标准和行业排放标准。行业排放标准是针对特定行业的生产工艺、排污状况以及污染控制技术评估和成本分析，并参考国外相关法规和典型污染达标案例等综合情况而制定的污染物排放控制标准。例如，中华人民共和国生态环境部根据我国大气污染物排放的特点，确定锅炉、水泥厂、火电厂、炼焦炉、工业炉窑（含黑色冶金、有色冶金、建材）等为重点排放设备或行业，并单独为其制定排放标准。行业排放标准是根据本行业的污染状况制定的，因而具有更好的适应性和可操作性。综合排放标准与行业排放标准不交叉执行，在有行业排放标准的情况下优先执行行业排放标准。

（三）制定环境标准的原则

制定环境标准要体现国家关于环境保护的方针、政策，要符合我国国情，使标准的依据和采用的技术措施达到技术先进、经济合理、切实可行，力求获得最佳的环境效益、经济效益和社会效益。

（1）遵循法律依据和科学规律。以国家环境保护方针、政策、法律、法规及有关规章为依据，以保护人体健康和改善环境质量为目标，以促进环境效益、经济效益和社会效益三者的统一为基础，制定环境标准。环境标准的科学性体现在设置标准内容有科学实验和实践的依据，具有重复性和再现性，能够通过交叉实验验证结果。如环境质量标准制定的依据是环境基准研究和环境状况调查的结果，包括环境中污染物含量对人体健康和生态环境的"剂量—效应"关系研究，以及对环境中污染物分布情况和发展趋势的调查分析。

（2）区别对待原则。制定环境标准要具体分析环境功能、企业类型和污染物危害程度等不同因素，区别对待，宽严有别。按照环境功能不同，对自然保护区、饮用水源保护区等特殊功能环境的标准必须严格，对一般功能环境的标准限制相对宽一些。按照污染物危害程度不同，标准的宽严也不一，对剧毒物要从严控制，而制定污染物排放标准则是以环境保护、优化经济增长为原则，依据环境容量和产业政策的要求，确定标准的适用范围和控制项目，并对标准中的排放限值进行成本效益分析。

（3）适用性与可行性原则。制定环境标准，不仅要根据生物生存和发展的需要，同时还要考虑经济合理性、技术可行性；而适用性则要求标准的内容有针对性，能够解决实际问题，实施标准能够获得预期的效益。这两点都要求从实际出发，做到切实可行，要对社会为执行标准所花的总费用和收到的总效益进行"费用—效益"分析，寻求一个既能满足人群健康和维护生态平衡的要求，又使防治费用最小、能在近期内实现的环境标准。如制定的污染物排放标准并不是越严越好，必须考虑产业政策允许、技术上可达、经济上可行，体现的是在特定环境条件下各排污单位均应达到的基本排放控制水平。

（4）协调性与适应性原则。协调性要求各类标准的内容协调，没有冲突和矛盾。同时，要求各个标准的内容完整、健全，体系中的相关标准能够衔接与配合，如质量标准与排放标准、排放标准与收费标准、国内标准与国际标准之间应该体现相互协调和相互配套从而使相关部门的执法工作有法可依，共同促进。

（5）国际标准和其他国家或国际组织相关标准的借鉴。一个国家的标准能够综合反映国家的技术、经济和管理水平。在国家标准的制定、修改或更新时，积极逐步采用或等效采用国际标准必然会促进我国环境监测水平的提高，逐步做到环境保护基础标准和通用方法标准与国际相关标准的统一，也可以避免国际合作等过程中执行标准时可能产生的责任不明确事件的发生。

（6）时效性原则。环境标准不是一成不变的，它与一定时期的技术经济水平以及环境污染与破坏的状况相适应，并随着技术经济的发展、环境保护要求的提高、环境监测技术的不断进步及仪器普及程度的提高需进行及时调整或更新，通常几年修订一次。修订时，每一标准的标准号不变，变化的只是标准的年号和内容，修订后的标准代替老标准，如《地表水环境质量标准》（GB

3838—2002）就是《地面水环境质量标准》（GB 3838—83）的替代版本。

（四）我国现行环境质量标准

目前，我国现行环境质量标准如表1-3所示。

表1-3 我国现行环境质量标准

有关内容	标准名称	标准号
空气	环境空气质量标准	GB 3095—2012
	乘用车内空气质量评价指南	GB/T 27630—2011
	室内空气质量标准	GB/T 18883—2002
	保护农作物的大气污染物最高允许浓度	GB 9137—1988
水质	地表水环境质量标准	GB 3838—2002
	海水水质标准	GB 3097—1997
	地下水质量标准	GB/T 14848—1993
	农田灌溉水质标准	GB 5084—2005
	渔业水质标准	GB 11607—1989
土壤	土壤环境质量 建设用地土壤污染风险管控标准（试行）	GB 36600—2018
	土壤环境质量 农用地土壤污染风险管控标准（试行）	GB 15618—2018
	食用农产品产地环境质量评价标准	HJ 332—2006
	温室蔬菜产地环境质量评价标准	HJ 333—2006
	拟开放场址土壤中剩余放射性可接受水平规定（暂行）	HJ 53—2000
噪声	声环境质量标准	GB 3096—2008
	机场周围飞机噪声环境标准	GB 9660—1988
振动	城市区域环境振动标准	GB 10070—1988

（五）我国现行污染物排放标准

目前，我国现行污染物排放标准如表1-4所示。

表1-4 我国现行污染物排放标准

内容项	标准名称	标准号
大气污染物排放标准	火葬场大气污染物排放标准	GB 13801—2015
	石油炼制工业污染物排放标准	GB 31570—2015
	石油化学工业污染物排放标准	GB 31571—2015
	合成树脂工业污染物排放标准	GB 31572—2015
	无机化学工业污染物排放标准	GB 31573—2015

（续）

内容项	标准名称	标准号
大气污染物排放标准	再生铜、铝、铅、锌工业污染物排放标准	GB 31574—2015
	锡、锑、汞工业污染物排放标准	GB 30770—2014
	电池工业污染物排放标准	GB 30484—2013
	砖瓦工业大气污染物排放标准	GB 29620—2013
	电子玻璃工业大气污染物排放标准	GB 29495—2013
	炼焦化学工业污染物排放标准	GB 16171—2012
	铁合金工业污染物排放标准	GB 28666—2012
	轧钢工业大气污染物排放标准	GB 28665—2012
	炼钢工业大气污染物排放标准	GB 28664—2012
	炼铁工业大气污染物排放标准	GB 28663—2012
	钢铁烧结、球团工业大气污染物排放标准	GB 28662—2012
	铁矿采选工业污染物排放标准	GB 28661—2012
	火电厂大气污染物排放标准	GB 13223—2011
	摩托车和轻便摩托车排气污染物排放限值及测量方法（双怠速法）	GB 14621—2011
	稀土工业污染物排放标准	GB 26451—2011
	钒工业污染物排放标准	GB 26452—2011
	平板玻璃工业大气污染物排放标准	GB 26453—2011
	橡胶制品工业污染物排放标准	GB 27632—2011
	陶瓷工业污染物排放标准	GB 25464—2010
	铝工业污染物排放标准	GB 25465—2010
	铅、锌工业污染物排放标准	GB 25466—2010
	铜、镍、钴工业污染物排放标准	GB 25467—2010
	镁、钛工业污染物排放标准	GB 25468—2010
	硝酸工业污染物排放标准	GB 26131—2010
	硫酸工业污染物排放标准	GB 26132—2010
	非道路移动机械用小型点燃式发动机排气污染物排放限值与测量方法（中国第一、二阶段）	GB 26133—2010
	煤层气（煤矿瓦斯）排放标准（暂行）	GB 21522—2008
	电镀污染物排放标准	GB 21900—2008
	合成革与人造革工业污染物排放标准	GB 21902—2008
	储油库大气污染物排放标准	GB 20950—2007
	加油站大气污染物排放标准	GB 20952—2007

（续）

内容项	标准名称	标准号
	煤炭工业污染物排放标准	GB 20426—2006
	水泥工业大气污染物排放标准	GB 4915—2013
	锅炉大气污染物排放标准	GB 13271—2014
	饮食业油烟排放标准（试行）	GB 18483—2001
	工业炉窑大气污染物排放标准	GB 9078—1996
	炼焦化学工业污染物排放标准	GB 16171—2012
	大气污染物综合排放标准	GB 16297—1996
	恶臭污染物排放标准	GB 14554—1993
	重型车用汽油发动机与汽车排气污染物排放限值及测量方法（中国Ⅲ、Ⅳ阶段）	GB 14762—2008
	摩托车污染物排放限值及测量方法（工况法，中国第Ⅲ阶段）	GB 14622—2007
	轻便摩托车污染物排放限值及测量方法（工况法，中国第Ⅲ阶段）	GB 18176—2007
	非道路移动机械用柴油机排气污染物排放限值及测量方法（中国第三、四阶段）	GB 20891—2014
大气污染物排放标准	汽油运输大气污染物排放标准	GB 20951—2007
	摩托车和轻便摩托车燃油蒸发污染物排放限值及测量方法	GB 20998—2007
	车用压燃式发动机和压燃式发动机汽车排气烟度排放限值及测量方法	GB 3847—2005
	装用点燃式发动机重型汽车曲轴箱污染物排放限值及测量方法	GB 11340—2005
	装用点燃式发动机重型汽车　燃油蒸发污染物排放限值及测量方法（收集法）	GB 14763—2005
	车用压燃式、气体燃料点燃式发动机与汽车排气污染物排放限值及测量方法（中国Ⅲ、Ⅳ、Ⅴ阶段）	GB 17691—2005
	点燃式发动机汽车排气污染物排放限值及测量方法（双怠速法及简易工况法）	GB 18285—2005
	轻型汽车污染物排放限值及测量方法（中国Ⅲ、Ⅳ阶段）	GB 18352.3—2005
	三轮汽车和低速货车用柴油机排气污染物排放限值及测量方法（中国Ⅰ、Ⅱ阶段）	GB 19756—2005
	摩托车和轻便摩托车排气烟度排放限值及测量方法	GB 19758—2005
	农用运输车自由加速烟度排放限值及测量方法	GB 18322—2002
	石油炼制工业污染物排放标准	GB 31570—2015
	石油化学工业污染物排放标准	GB 31571—2015

（续）

内容项	标准名称	标准号
	合成树脂工业污染物排放标准	GB 31572—2015
	无机化学工业污染物排放标准	GB 31573—2015
	制革及毛皮加工工业水污染物排放标准	GB 30486—2013
	电池工业污染物排放标准	GB 30484—2013
	合成氨工业水污染物排放标准	GB 13458—2013
	柠檬酸工业水污染物排放标准	GB 19430—2013
	纺织染整工业水污染物排放标准	GB 4287—2012
	缫丝工业水污染物排放标准	GB 28936—2012
	毛纺工业水污染物排放标准	GB 28937—2012
	麻纺工业水污染物排放标准	GB 28938—2012
	铁矿采选工业污染物排放标准	GB 28661—2012
	铁合金工业污染物排放标准	GB 28666—2012
	钢铁工业水污染物排放标准	GB 13456—2012
	炼焦化学工业污染物排放标准	GB 16171—2012
大气污染物排放标准	磷肥工业水污染物排放标准	GB 15580—2011
	稀土工业污染物排放标准	GB 26451—2011
	钒工业污染物排放标准	GB 26452—2011
	汽车维修业水污染物排放标准	GB 26877—2011
	发酵酒精和白酒工业水污染物排放标准	GB 27631—2011
	橡胶制品工业污染物排放标准	GB 27632—2011
	弹药装药行业水污染物排放标准	GB 14470.3—2011
	淀粉工业水污染物排放标准	GB 25461—2010
	酵母工业水污染物排放标准	GB 25462—2010
	油墨工业水污染物排放标准	GB 25463—2010
	陶瓷工业污染物排放标准	GB 25464—2010
	铝工业污染物排放标准	GB 25465—2010
	铅、锌工业污染物排放标准	GB 25466—2010
	铜、镍、钴工业污染物排放标准	GB 25467—2010
	镁、钛工业污染物排放标准	GB 25468—2010
	硝酸工业污染物排放标准	GB 26131—2010
	硫酸工业污染物排放标准	GB 26132—2010
	杂环类农药工业水污染物排放标准	GB 21523—2008

（续）

内容项	标准名称	标准号
大气污染物排放标准	制浆造纸工业水污染物排放标准	GB 3544—2008
	电镀污染物排放标准	GB 21900—2008
	羽绒工业水污染物排放标准	GB 21901—2008
	合成革与人造革工业污染物排放标准	GB 21902—2008
	发酵类制药工业水污染物排放标准	GB 21903—2008
	化学合成类制药工业水污染物排放标准	GB 21904—2008
	提取类制药工业水污染物排放标准	GB 21905—2008
	中药类制药工业水污染物排放标准	GB 21906—2008
	生物工程类制药工业水污染物排放标准	GB 21907—2008
	混装制剂类制药工业水污染物排放标准	GB 21908—2008
	制糖工业水污染物排放标准	GB 21909—2008
	皂素工业水污染物排放标准	GB 20425—2006
	煤炭工业污染物排放标准	GB 20426—2006
	医疗机构水污染物排放标准	GB 18466—2005
	啤酒工业污染物排放标准	GB 19821—2005
	柠檬酸工业污染物排放标准	GB 19430—2013
	味精工业污染物排放标准	GB 19431—2004
	兵器工业水污染物排放标准　火炸药	GB 14470.1—2002
	兵器工业水污染物排放标准　火工药剂	GB 14470.2—2002
	城镇污水处理厂污染物排放标准	GB 18918—2002
	污水海洋处置工程污染控制标准	GB 18486—2001
	畜禽养殖业污染物排放标准	GB 18596—2001
	烧碱、聚氯乙烯工业水污染物排放标准	GB 15581—1995
	航天推进剂水污染物排放标准	GB 14374—1993
	肉类加工工业水污染物排放标准	GB 13457—1992
	纺织染整工业水污染物排放标准	GB 4287—2012
	海洋石油勘探开发污染物排放浓度限值	GB 4914—2008
	船舶污染物排放标准	GB 3552—1983
噪声	建筑施工场界环境噪声排放标准	GB 1523—2011
	工业企业厂界环境噪声排放标准	GB 12348—2008
	社会生活环境噪声排放标准	GB 22337—2008

（续）

内容项	标准名称	标准号
固体废物控制标准	水泥窑协同处置固体废物污染控制标准	GB 30485—2013
	生活垃圾填埋场污染控制标准	GB 16889—2008
	城镇垃圾农用控制标准	GB 8172—1987
	危险废物焚烧污染控制标准	GB 18484—2001
	生活垃圾焚烧污染控制标准	GB 18485—2014
	危险废物贮存污染控制标准	GB 18597—2001
	危险废物填埋污染控制标准	GB 18598—2001
	一般工业废物贮存、处置场污染控制标准	GB 18599—2001
	含多氯联苯废物污染控制标准	GB 13015—1991

（六）我国环境监测方法标准

环境污染的因素复杂，时空变化差异大，对其测定的方法可能有许多种，但为了提高环境监测数据的准确性和可比性，保证环境监测工作质量，环境监测必须制定和执行国家或部门统一的环境监测方法标准。有时，还必须执行国际统一的环境监测方法标准。这类方法标准很多，是环境监测操作过程必须执行的统一规范。目前，我国现行的环境监测方法标准有《水和废水监测分析方法》（第 4 版 增补版）、《空气和废气监测分析方法》（第 4 版 增补版）等。

第四节　生态环境治理的目的及意义

一、生态环境治理的目的[①]

"生态"（Eco -）一词最早来自古希腊语，其本义指生物的栖息地、家，并推而广之为人类所生存的环境。生态是生物的生存状态，因为"生"不仅指生命，还蕴含生命个体为获得自我生存而谋求生路、创造生机的过程。"态"的本义是位态、姿态，进一步引申为由位态、姿态而形成的过程。因此，"生态"一词是指个体化的生命一旦获得生的可能，就会不断地与外界环境相适应，为活而生。因为每个生命个体都不是脱离自然而独立存在的，它必须依附于自然，才能获得活的可能。因此，生态蕴含相互照顾、共生互生的生存语义，更体现了生生不息的精神和相互依存、共生共荣的整体性特点。

"生态环境问题已经不是一个局部性问题和暂时性问题，而是一个整体性、

---

① 曲婧. 全球生态环境治理的目标与合作倡议 [J]. 行政论坛，2019，26（1）：110 - 115.

全局性和长期性的问题。"因为人类只有一个地球，各国共处一个世界，我们是"人类命运共同体"。因此，从治理的角度来考虑生态环境问题也就成为必然，这同时也是实现生态共同利益的应然逻辑。地球和宇宙构成人生存的实际环境，世界各国人民无论怎样发展自己，都不可忽视使其存在的环境本身，更不能以违逆或对抗环境的方式任性而为，因为环境始终遵循其内在本性而自在运动。世界上的所有人在这个"由地而天"和"由天及地"双向运动所形成的"之间"中，构成人得以存在的立体空间。这就需要处于地球上的每个个体，无论国家、社会、组织还是个人，都必须承担起保护环境的责任，在相互认同的基础上采用适当的方式相互协调与合作，进而达成共识，实现最优治理效果。

对生态环境进行治理作为一种制度安排，具有自身的优势，它能够有效地弥补传统社会生态治理模式的内在缺陷，从而提升生态治理的效果。这主要体现在以下三个层面：第一，治理主体的优势。对全球生态环境进行协同治理打破了单一主体治理的局限，强调每个国家共同参与、齐心协力来共同应对复杂的生态环境，从而产生有效的协同效果。第二，治理成本的优势。协同治理建立在所有国家多元主体参与的合作基础上，治理主体的多元化促使治理成本分摊。同时，网络治理的结构扩大了资金的来源，使全球生态环境治理的效果大大提升。第三，治理效率的优势。由于多元主体的合作参与，促使各个国家在建立长期的联盟关系中努力促成制度，并形成有效的合作，从而取得生态环境治理的最大成效。因此，对全球生态环境进行协同治理不仅是基于人类共同家园的客观现实，而且是解决全球生态环境问题、促使生态环境好转的必然选择。

二、生态环境治理的意义

生态环境治理是一项涉及多学科和多领域的极其复杂的社会经济活动。尝试用制度分析的方法对这一活动进行研究，对于实际的治理实践也有着极其重要的指导意义。

一方面，根据制度经济学的观点，生态环境的治理制度不是治理活动的外在变量，而是产生于不同主体间的相互作用，并直接决定人们生态环境行为的内在变量。因此，适当的制度安排，是决定治理活动绩效的重要变量之一。我国是一个发展中国家，近年来也同样面临着严重的生态危机和环境问题。比如，1998年的长江洪水灾害，持续数年的黄河断流，诸如此类的生态灾难一次次降临，引起了人们对国家生态安全的思考。在我国众多的生态环境问题中，除了与西方国家有类似的工业污染问题，我国还存在水土流失、沙漠化、草场退化、森林面积急剧减少等生态破坏现象。它们更多地与生产者的不当环境行为，如过度放牧，过度采伐，不顾生态条件限制而随意采矿、开矿等有关。

另一方面，通过对现行治理制度的分类研究，可以更好地认识各种制度形式的内涵、优势以及作用的边界，为制度选择或制度创新提供理论支持。对强制性制度、产权交易与市场制度以及各种内在制度的系统分析，为研究生态环境治理活动提供了新的方法，不但有利于进一步认识和理解现行治理活动，而且可以通过选择恰当的制度形式不断提高治理活动的效率。我国的生态环境有着先天的脆弱性，巨大的人口压力所导致的掠夺式开发方式，加之自然灾害等客观因素，进一步加剧了我国生态环境的脆弱性。同时，以牺牲环境为代价的发展战略与经济政策则进一步加剧了生态资源流失和生态环境破坏的局面。如产权制度的缺位及不合理安排，导致了农民或企业对生态和环境资源的高贴现率，造成了严重的外部不经济性。长期以来，人们往往认为自然资源是取之不尽、用之不竭的自由物品，缺乏有效的产权界定，由于环境产权长期缺位，不可避免地出现了"公地悲剧"。自20世纪80年代以来，我国农村普遍实行土地承包责任制，对于调动农民的积极性、促进农业生产有一定作用，但由于这一产权安排因承包期较短而激励功能不够，使农民对未来预期不足，从而直接导致掠夺性经营和短期行为发生及一系列严重的生态环境后果产生。要解决上述问题，必须依赖于治理制度的创新。因此，对现行各种治理制度的特点和内在机理的理解和把握是十分必要的。

第二章

水和废水监测及防治

水是生命之源，也是地球表面最丰富的物质。人口的增长以及洪水灾害、工业废水的排放等导致水资源受到严重污染，治理水资源和保护水资源成为生态环境治理的重要工作之一，所以水和废水监测就显得尤为重要。

第一节　水质监测方案制订

一、地面水水质监测方案制订

（一）基础资料的收集

在制订监测方案之前，应尽可能完备地收集待监测水体及所在区域的有关资料，主要有以下几个方面。

（1）水体的水文、气候、地质和地貌资料。如水位、水量、流速及流向的变化，降水量、蒸发量及历史上的水情，河流的宽度、深度，河床结构及地质状况，湖泊沉积物的特性、间温层分布、等深线等。

（2）水体沿岸的城市分布、工业布局、污染源及其排污情况、城市给排水情况等。

（3）水体沿岸的资源现状和水资源的用途，饮用水源分布和重点水源保护区，水体流域土地功能及近期使用计划等。

（4）历年水质监测资料。

（二）监测断面和采样点设置

1. 设置的原则

（1）在对调查研究结果和有关资料进行综合分析的基础上，根据水体尺度范围，考虑代表性、可控性及经济性等因素，确定断面类型和采样点数量，并不断优化。

（2）有大量废（污）水排入江河的主要居民区，工业区的上游和下游，支流与干流的汇合处，入海河流河口及受潮汐影响的河段，国际河流出入国境线的出入口，湖泊、水库的出入口，应设置监测断面。

（3）饮用水源地和流经主要风景游览区、自然保护区，以及与水质有关的地方病发病区、严重水土流失区及地球化学异常区的水域或河段，应设置监测断面。

（4）监测断面的位置要避开死水区、回水区、排污口处，尽量选择水流平稳、水面宽阔、无浅滩的顺直河段。

（5）监测断面应尽可能与水文测量断面一致，要求有明显岸边标志。

2. 河流监测断面布设

为评价完整江河水系的水质，需要设置背景断面、对照断面、控制断面和削减断面；对于某一河段，只需设置对照、控制和削减（或过境）三种断面（图2-1）。

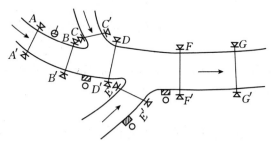

图 2-1　河流监测断面设置示意

→水流方向；⌀自来水厂取水点；○污染源；◿排污口；A—A′对照断面；
B—B′、C—C′、D—D′、E—E′、F—F′控制断面；G—G′削减断面

（1）背景断面。该断面设在基本未受人类活动影响的河段，用于评价某一完整水系污染程度。

（2）对照断面。该断面是为了解流入监测河段前的水体水质状况而设置的。这种断面应设在河流进入城市或工业区以前的地方，避开各种废水、污水流入或回流。一个河段一般只设一个对照断面。有主要支流时可酌情增加。

（3）控制断面。该断面是为评价监测河段两岸污染源对水体水质影响而设置的。控制断面的数量应根据城市的工业布局和排污口分布情况而定，设在排污区（口）下游污水与河水基本混匀处。在流经特殊要求地区（如饮用水源地、风景游览区等）的河段上也应设置控制断面。

（4）削减断面。该断面是指河流受纳废水和污水后，经稀释扩散和自净作用，使污染物浓度显著降低的断面，通常设在城市或工业区最后一个排污口下游1 500m以外的河段上。

另外，有时为了特定的环境管理需要，如定量化考核、监视饮用水源和流域污染源限期达标排放等，还要设管理断面。

3. 湖泊、水库监测布设

湖泊、水库通常只设监测垂线，当水体复杂时，可参照河流的有关规定设置监测断面。

（1）在湖（库）的不同水域，如进水区、出水区、深水区、湖心区、岸边区，按照水体类别和功能设置监测垂线。

（2）湖（库）区若无明显功能区别，可用网格法均匀设置监测垂线，其垂线数根据湖（库）面积、湖内形成环流的水团数及入湖（库）河流数等因素酌情确定。

4. 监测海洋海域

根据污染物在较大面积海域分布不均匀性和局部海域的相对均匀性的时空特征，在调查研究的基础上，运用统计方法将监测海域划分为污染区、过渡区和对照区，在三类区域分别设置适量的监测断面和采样垂线。

5. 采样点位的确定

设置监测断面后，应根据水面的宽度确定断面上的采样垂线，再根据采样垂线处的水深确定采样点的数目和位置。

对于江、河水系，当水面宽≤50m时，只设一条中泓垂线；水面宽50～100m时，在左、右近岸有明显水流处各设一条垂线；水面宽＞100m时，设左、中、右3条垂线（中泓及左、右近岸有明显水流处），如能证明断面水质均匀时，可仅设中泓垂线。

在一条垂线上，当水深≤5m时，只在水面下0.5m处设一个采样点；水深不足1m时，在1/2水深处设采样点；水深5～10m时，在水面下0.5m处和河底以上0.5m处各设一个采样点；水深＞10m时，设3个采样点，即水面下0.5m处、河底以上0.5m处及1/2水深处各设一个采样点。

湖泊、水库监测垂线上采样点的布设与河流相同，但如果存在温度分层现象，应先测定不同水深处的水温、溶解氧等参数，确定分层情况后，再决定垂线上采样点位和数目。一般除在水面下0.5m处和水底以上0.5m处设点外，还要在每一斜温分层1/2处设点。

海域的采样点也根据水深分层设置，如水深50～100m，在表层、10m层、50m层和底层设采样点。

监测断面和采样点位确定后，其所在位置应有固定的天然标志物；如果没有天然标志物，则应设置人工标志物，或采样时用定位仪（GPS）定位，使每次采集的样品都取自同一位置，保证其代表性和可比性。

（三）采样时间和频率的确定

为使采集的水样能够反映水质在时间和空间上的变化规律，必须合理地安排采样时间和采样频率，我国水质监测规范要求如下。

（1）饮用水源地全年采样监测12次，采样时间根据具体情况选定。

（2）对于较大水系干流和中、小河流，全年采样监测次数不少于6次。采样时间为丰水期、枯水期和平水期，每期采样两次；流经城市或工业区、污染较重的河流、游览水域，全年采样监测次数不少于 12 次。采样时间为每月 1 次或视具体情况选定；底质每年枯水期采样监测 1 次。

（3）潮汐河流全年在丰水期、枯水期、平水期采样监测，每期采样 2 天，分别在大潮期和小潮期进行，每次应采集当天涨潮、退潮水样分别测定。

（4）设有专门监测站的湖泊、水库，每月采样监测 1 次，全年不少于 12 次。其他湖、库全年采样监测 2 次，丰水期、枯水期各 1 次。有废（污）水排入，污染较重的湖、库应酌情增加采样次数。

（5）背景断面每年采样监测 1 次，在污染可能较重的季节进行。

（6）排污渠每年采样监测次数不少于 3 次。

（7）海水水质常规监测，每年按丰水期、枯水期、平水期或季度采样监测 2~4 次。

（四）采样及监测技术的选择

要根据监测对象的性质、含量范围及测定要求等因素选择适宜的采样、监测技术，其详细内容将在本章以下各节中分别介绍。

（五）结果表达、质量保证及实施计划

水质监测所测得的众多化学、物理以及生物学的监测数据是描述和评价水环境质量以及进行环境管理的基本依据，必须进行科学的计算和处理，并按照要求的形式在监测报告中表达出来。

质量保证概括了保证水质监测数据正确可靠的全部活动和措施。质量保证贯穿监测工作的全过程。

实施计划是实施监测方案的具体安排，要切实可行，使各个环节工作有序、协调地进行。

二、地下水水质监测方案制订

（一）地下水的特征

地下水的形成主要取决于地质条件和自然地理条件。此外，人类活动对地下水也有一定影响。地质条件对地下水形成的影响主要表现在岩石性质和结构方面；岩石和土壤空隙是地下水储存与运动的先决条件。自然地理条件中气候、水文和地貌的影响最为显著。地下水的物理、化学性质随空间和时间而变化，地下水的化学成分和理化特性在循环运动过程中受气候、岩性和生物作用的影响，同时受补给条件和水运动强弱的约束。地下水化学成分的形成过程实际上是一个不断变化的过程。[①]

地下水按埋藏条件不同，可分为上层滞水、潜水和承压水三类；按含水层

---

① 黄功跃．环境监测与环境管理［M］．昆明：云南科技出版社，2017.

性质的差别,可分为孔隙水、裂隙水和岩溶水三类。想要采集有代表性的水样,应运用地理、地质、气象、水文、生态、环境等综合性的知识,同时应首先考虑地下水的类型和以下因素。

(1) 地下水流动较慢,水质参数变化慢,一旦污染很难恢复,甚至无法恢复。

(2) 地下水埋藏深度不同,温度变化规律也不同。近地表的地下水水温受气温的影响,具有周期性变化的特征;在常温层中地下水的温度变化很小,一般不超过 0.1℃,但水样一经取出,其温度就可能发生较大的变化。这种变化能改变化学反应速率,从而改变原来的化学平衡,也能改变微生物的生长速度。

(3) 地下水所受压力较大,面对的环境条件与地面水不同,一旦取出,可溶性气体的融入和逃逸会带来一系列的化学变化,从而改变水质状况。例如,地下水富含 H_2S,但溶解氧较低,取出后 H_2S 逃逸,大气中的 O_2 融入,会发生一系列的氧化还原变化;水样吸收或放出 CO_2 可引起 pH 变化。

(4) 由于采水器的吸附或玷污及某些组分的损失,水样的真实性将受到影响。

(二) 基本资料收集研究

(1) 收集、汇总监测区域的水文、地质、气象等方面的有关资料和以往的监测资料。如地质图、测绘图、剖面图、水井的成套参数、含水层、地下水补给、径流和流向,以及温度、湿度、降水量等。

(2) 调查监测区域内城市发展、工业分布、资源开发、土地利用情况,尤其是地下工程规模、应用等;了解化肥及农药的施用面积、施用量;查清污水灌溉、排污、纳污和地表水污染现状。

(3) 测量或查明水位、水深,以确定采水器和泵的类型、费用、采样程序。

(4) 在完成以上调查的基础上,确定主要污染物和污染源,并根据地区特点和地下水的主要类型把地下水分成若干个水文地质单元。

(三) 采样点的设置

由于地质结构复杂,地下水采样点的设置也变得复杂。自监测井采集的水样只代表含水层平行和垂直的一小部分,所以必须合理地选择采样点。目前,地下水监测以浅层地下水(又称潜水)为主,应尽可能利用各水文地质单元中原有的水井(包括机井),还可对深层地下水(也称承压水)的各层水质进行监测。孔隙水以第四纪为主,基岩裂隙水以监测泉水为主。

1. 背景值监测点的设置

背景值采样点应设在污染区外围不受或少受污染的地方。对于新开发区,应在引入污染源之前设置背景值监测点。

2. 监测井（点）的布设

监测井布点时，应考虑环境水文地质条件、地下水开采情况、污染物的分布和扩散形式，以及区域水化学特征等因素。对于工业区和重点污染源所在地的监测井（点）布设，主要根据污染物在地下水中的扩散形式确定。例如，渗坑、渗井和堆渣区的污染物在含水层渗透性较大的地区易造成条带状污染；污灌区、污养区及缺乏卫生设施的居民区的污水渗透到地下易造成块状污染，此时监测井（点）应设在地下水流向的平行和垂直方向上，以监测污染物在两个方向上的扩散程度。渗坑、渗井和堆渣区的污染物在含水层渗透小的地区易造成点状污染，其监测井（点）应设在距污染源最近的地方。沿河、渠排放的工业废水和生活污水因渗漏可能造成带状污染，此时宜用网状布点法设置监测井。

一般监测井在液面下 0.3～0.5m 处采样。若有间温层或多含水层分布，可按具体情况分层采样。

（四）采样时间和频率的确定

（1）每年应在丰水期和枯水期分别采样监测；有条件的地方按地区特点分四季采样，已建立长期观测点的地方可按月采样监测。

（2）通常每一采样期至少采样监测 1 次；对饮用水源监测点，要求每一采样期采样监测两次，其间隔至少 10 天；对有异常情况的井点，应适当增加采样监测次数。

三、水污染源监测方案制订

（一）采样点的设置

水污染源一般经管道或渠、沟排放，截面积比较小，无须设置监测断面，可直接确定采样点位。

1. 工业废水

（1）监测一类污染物。在车间或车间处理设施的废水排放口设置采样点。

（2）监测二类污染物。在工厂废水总排放口布设采样点。已有废水处理设施的工厂，在处理设施的总排放口布设采样点。如需了解废水处理效果，还要在处理设施进口设采样点。

2. 城市污水

（1）城市污水管网。采样点应设在非居民生活排水支管接入城市污水干管的检查井、城市污水干管的不同位置、污水进入水体的排放口等。

（2）城市污水处理厂。在污水进口和处理后的总排口布设采样点。如需监测各污水处理单元效率，应在各处理设施单元的进口、出口分别设采样点。另外，还需设污泥采样点。

（二）采样时间和频率的确定

工业废水和城市污水的排放量和污染物浓度随工厂生产及居民生活情况常发生变化，采样时间和频率应根据实际情况确定。

1. 工业废水

企业自控监测频率根据生产周期和生产特点确定，一般每个生产周期不得少于 3 次。确切频率由监测部门进行加密监测，获得污染物排放曲线（浓度—时间，流量—时间，总量—时间）后确定。监测部门监督性监测每年不少于 1 次；如被国家或地方环境保护行政主管部门列为年度监测的重点排污单位，应增加到每年 2～4 次。

2. 城市污水

对城市管网污水，可在一年的丰水期、平水期、枯水期，从总排放口分别采集 1 次流量比例混合样测定，每次进行一昼夜，每 4 小时采样监测 1 次。在城市污水处理厂，为指导调节处理工艺参数和监督外排水水质，每天都要从部分处理单元和总排放口采集污水样，对一些项目进行例行监测。

第二节　采集方法与保存

一、水样的类型

（一）瞬时水样

瞬时水样是指在某一时间和地点从水体中随机采集的分散水样。当水体水质稳定，或其组分在相当长的时间或相当大的空间范围内变化不大时，瞬时水样具有很好的代表性；当水体组分及含量随时间和空间变化时，就应隔时、多点采集瞬时样，分别进行分析，摸清水质的变化规律。

（二）混合水样

混合水样是指在同一采样点于不同时间所采集的瞬时水样混合后的水样，有时称"时间混合水样"，以与其他混合水样相区别。这种水样在观察平均浓度时非常有用，但不适用于被测组分在贮存过程中发生明显变化的水样。

如果水的流量随时间变化，必须采集流量比例混合样，即在不同时间依照流量大小按比例采集的混合样。可使用专用流量比例采样器采集这种水样。

（三）综合水样

把不同采样点同时采集的各个瞬时水样混合后所得到的样品称综合水样。这种水样在某些情况下更具有实际意义。例如，当为几条排污河、渠建立综合处理厂时，以综合水样取得的水质参数作为设计的依据更为合理。

二、地表水样的采集

（一）采样前的准备

采样前，要根据监测项目的性质和采样方法的要求，选择适宜材质的盛水容器和采样器，并清洗干净。此外，还需准备好交通工具。交通工具常使用船只。对采样器具的要求是其材质化学性能稳定，大小和形状适宜，不吸附欲测组分，容易清洗并可反复使用。

（二）采样器（或采水器）和采样方法

（1）在河流、湖泊、水库、海洋中采样。常乘监测船或采样船、手划船等交通工具到采样点采集，也可涉水和在桥上采集。

（2）采集表层水水样。可用适当的容器，如塑料筒等直接采集。

（3）采集深层水水样。可用简易采水器（图2-2）、深层采水器、采水泵、自动采水器等。将其沉降至所需深度（可从提绳上的标度看出），上提提绳打开瓶塞，待水充满采样瓶后提出。有一种用于急流水的采水器（图2-3），它将一根长钢管固定在铁框上，管内装一根橡胶管，胶管上部用夹子夹紧，下部与瓶塞上的短玻璃管相连，瓶塞下另有一长玻璃管通至采样瓶近底处。采样前塞紧橡胶塞，然后沿船身垂直伸入要求水深处，打开上部橡胶管夹，水样即沿长玻璃管流入样品瓶中，瓶内空气由短玻璃管沿橡胶管排出。这样采集的水样也可用于测定水中溶解性气体，因为它是与空气隔绝的。

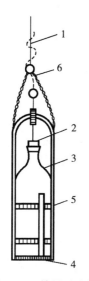

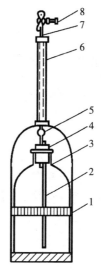

图2-2　简易采水器　　　　　　图2-3　急流采水器

1.绳子；2.带有软绳的橡胶塞；　　1.铁框；2.长玻璃管；3.采样瓶；4.橡胶塞；

3.采样瓶；4.铅锤；5.铁框；6.挂钩　　5.短玻璃管；6.钢管；7.橡胶管；8.夹子

　　此外，还有各种深层采水器和自动采水器，如 HGM-2 型有机玻璃采水器，778 型、806 型自动采水器等。有一种机械（泵）式采水器（图 2-4），它用泵通过采水管抽吸预定水层的水样。还有一种废（污）水自动采样器（图 2-5），可以定时将一定量水样分别采入采样容器，也可以采集一个生产周期内的混合水样。①

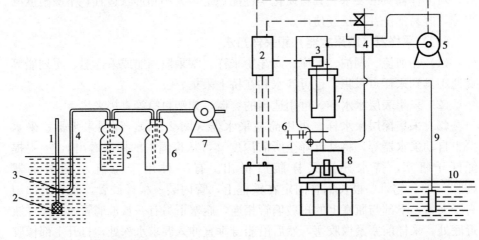

图 2-4　机械（泵）式采水器

1. 细绳；2. 重锤；3. 采样头；4. 采样管；
5. 采样瓶；6. 安全瓶；7. 泵

图 2-5　废（污）水自动采水器

1. 蓄电池；2. 电子控制箱；3. 传感器；4. 电磁阀；
5. 真空泵；6. 夹紧阀；7. 计量瓶；
8. 切换器；9. 采水管；10. 废（污）水池

三、地下水样的采集

（一）采样前的准备

　　采样前应根据监测项目的性质和采样方法的要求选择适宜材质的盛水容器和采样器，确保容器与水样在贮存期间不会因为相互作用而影响监测结果。②采样器材质的化学稳定性要好，其大小形状要适宜，不吸附待测物。采样器与盛水器在使用前均要洗净。

（二）采样器及采样方法

1. 简易采水器

　　其主要部件是塑料水壶和钢丝架。将采水器放到预定深度，拉开塑料水壶（洗净晾干的）进水口的软塞，待水灌满后提出水面，即可采集到水样。

---

①　奚旦立，孙裕生，刘秀英. 环境监测 [M]. 北京：高等教育出版社，1987.

②　黄功跃. 环境监测与环境管理 [M]. 昆明：云南科技出版社，2017.

2. 改良的凯末尔（Kemmerer）不锈钢采水器

这种采水器采用耐腐蚀不锈钢制成，常用于采集地面水和地下水。

上述介绍的一些分离式采水器的优点是结构较简单，既经济又方便，能用各种适宜的材料制作，又无须其他动力，可用于污染相对较轻的采样点采样。缺点是不能排出滞水，在水样转移过程中易混入空气。

四、废（污）水样的采集

（一）浅层废（污）水

从浅埋排水管、沟道中采样，用采样容器直接采集，也可用长把塑料勺采集。

（二）深层废（污）水

对埋层较深的排水管、沟道，可用深层采水器或固定在负重架内的采样容器，沉入检测井内采样。

（三）自动采样

采用自动采水器可自动采集瞬时水样和混合水样。当废（污）水排放量和水质较稳定时，可采集瞬时水样；当排放量较稳定而水质不稳定时，可采集时间等比例水样；当二者都不稳定时，必须采集流量等比例水样。

五、采集水样注意事项

（1）测定悬浮物、pH、溶解氧、生化需氧量、油类、硫化物、余氯、放射性、微生物等项目需要单独采样。其中，测定溶解氧、生化需氧量和有机污染物等项目的水样必须充满容器，pH、电导率、溶解氧等项目宜在现场测定。另外，采样时还须同步测量水文参数和气象参数。

（2）采样时必须认真填写采样登记表，每个水样瓶都应贴上标签（填写采样点编号、采样日期和时间、测定项目等），要塞紧瓶塞，必要时还要密封。

六、流量的测量

为计算地表水污染负荷是否超过环境容量、评价污染控制效果、掌握废（污）水源排放污染物总量和排水量，采样时需要同步测量水的流量。

（一）地表水流量测量

对于较大的河流，水利部门都设有水文测量断面，应尽可能利用此断面。若监测河段无水文测量断面，应选择一个水文参数比较稳定、流量有代表性的断面作为测量断面。这里介绍两种常用的流量测量方法。

1. 流速-面积法

该方法首先将测量断面分成若干小块，测出每小块的面积和流速，计算

出相应的流量，再将各小断面的流量累加，即为断面上的水流量，计算公式为

$$Q = F_1\bar{v}_1 + F_2\bar{v}_2 + \cdots + F_n\bar{v}_n$$

式中，Q——水流量，m^3/s；

$\bar{v}_1$，$\cdots$，$\bar{v}_n$——各小断面的平均水流流速，m/s；

F_1，$\cdots$，F_n——各小断面面积，m^2。

一般用流速仪测量流速。流速仪有多种规格，如国产 LS25－1 型旋桨式流速仪，测速范围为 $0.06\sim2.5m/s$、$0.2\sim5m/s$；LS68－2 型旋杯式流速仪，测速范围为 $0.02\sim3m/s$；XKZ10－1 型自控直读流速仪，测速范围为 $0.1\sim3m/s$。测量时将仪器放到规定的水深处，按照仪器说明书要求操作。

2. 浮标法

浮标法是一种粗略测量小型河、渠中水流速的简易方法。测量时，选择一平直河段，测量该河段 2m 间距内起点、中点和终点三个过水横断面面积，求出平均横断面面积。在上游投入浮标，测量浮标流经确定河段（L）所需时间，重复测量几次，求出所需时间的平均值（t），即可计算出流速（L/t），计算公式为

$$Q = K \times \bar{v} \times S$$

式中，Q——水流量，m^3/s；

$\bar{v}$——浮标平均流速，m/s，等于 L/t；

S——过水横断面面积，m^2；

K——浮标系数，与空气阻力、断面上流速分布的均匀性有关，一般需用流速仪对照标定，其范围为 $0.84\sim0.90$。

（二）废（污）水流量测量

1. 流量计法

污水流量计有多种，按照它们的使用场合，可分为测量具有自由水面的敞开水路用流量计和测量充满水的管道用流量计两类。第一类如堰式流量计、水槽流量计等，是依据堰板上游水位或截流形成临界射流状态时的水位与水流量有一定的关系，通过用超声波式、静电式、测压式等水位计测量水位而得知流量；第二类如电磁流量计、压差式流量计等，是依据污水流经磁场所产生的感应电势大小或插入管道中的节流板前后流体的压力差与水流量有一定关系，通过测量感应电势或流体的压力差得知流量。

2. 容积法

将污水导入已知容积的容器或污水池中，测量流满容器或污水池的时间，然后用其除受纳容器或池的容积，即可求知流量。该方法简单易行，适用于测量污水流量较小的连续或间歇排放的污水。

3. 溢流堰法

这种方法适用于不规则的污水沟、污水渠中水流量的测量。该方法是用三角形或矩形、梯形堰板拦住水流，形成溢流堰，测量堰板前后水头和水位，计算流量。如果安装液位计，可连续自动测量液位。用三角堰法测量流量的示意图（图2-6），流量计算公式为

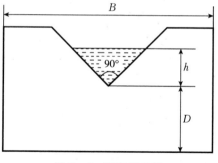

图2-6 直角三角堰

$$Q = Kh^{5/2}$$

$$K = 1.354 + \frac{0.004}{h} + \left(0.14 + \frac{0.2}{\sqrt{D}}\right)\left(\frac{h}{B} - 0.09\right)^2$$

式中，Q——水流量，m^3/s；

　　　h——过堰水头高度，m；

　　　K——流量系数；

　　　D——从水流底至堰缘的高度，m；

　　　B——堰上游水流速度，m。

在下述条件下，上述误差$<\pm 1.4\%$：

$$0.5m \leqslant B \leqslant 1.2m$$

$$0.1m \leqslant D \leqslant 0.75m$$

$$0.07m \leqslant h \leqslant 0.26m$$

$$h \leqslant \frac{B}{3}$$

还可以用量水槽（如巴氏槽）法、闸下出流法等测量流量，根据实际排水方式选择。

七、水样的运输与保存

（一）水样的运输

水样采集后，必须尽快送回实验室。根据采样点的地理位置和测定项目最长可保存时间，选用适当的运输方式，并做到以下两点。

（1）为避免水样在运输过程中因震动、碰撞导致损失或玷污，将其装箱并用泡沫塑料或纸条挤紧，在箱顶贴上标记。

（2）需冷藏的样品，应采取制冷保存措施。冬季应采取保温措施，以免冻裂样品瓶。

（二）水样的保存方法

1. 冷藏或冷冻法

样品在 4℃冷藏或将水样迅速冷冻，存储于暗处，可以抑制微生物活动，减缓物理挥发和降低化学反应速率。冷藏是短期内保存水样的一种较好的方法，冷藏温度应控制在 4℃左右。冷冻温度在 −20℃左右，但要特别注意在冷冻过程和解冻过程中，不同状态的变化会引起水质的变化。为防止冷冻过程中水的膨胀，无论使用玻璃容器还是塑料容器，都不能将水样充满整个容器。

2. 加入化学试剂

（1）加入酸或碱。加入酸或碱可改变溶液的 pH，能抑制微生物活动，消除微生物对 COD、TOC、油脂等项目监测的影响，从而使待测组分处于稳定状态。监测重金属时加入硝酸至 pH 为 1～2，可防止水样中金属离子发生水解、沉淀或被容器壁吸附；在监测氰化物的水样中加 NaOH 调节 pH 为 10～11；测酚的水样也需加碱保存。

（2）加入生物抑制剂。如在监测氨氮、硝酸盐氮、化学需氧量的水样中加入 $HgCl_2$，可抑制生物的氧化还原作用；对监测酚的水样，用 H_3PO_4 调至 pH 为 4 时，加入适量 $CuSO_4$，可抑制苯酚菌的分解。

（3）加入氧化剂或还原剂。在水样监测过程中，加入氧化剂或还原剂可增强待测组分的稳定性。如 Hg^{2+} 在水样中易被还原引起汞的挥发损失，加入 HNO_3（至 pH<1）和 $K_2Cr_2O_7$（0.05%），使汞保持高价态，汞的稳定性大大改善；在监测硫化物的水样中加入抗坏血酸，可以防止硫化物被氧化；在监测溶解氧的水样中则需加入少量硫酸锰和碱性碘化钾固定溶解氧等。

加入化学试剂保护水样必须注意 3 点：不能干扰其他项目的监测；不能影响待测物浓度，如果加入的保护剂是液体，则更要记录体积的变化；要做空白试验。

（三）水样过滤或离心分离

如欲测定水样中某组分的含量，采样后应立即加入保存剂，分析测定时充分摇匀后再取样。如果测定可滤（溶解）态组分含量，所采水样应用 0.45μm 微孔滤膜过滤，除去藻类和细菌，提高水样的稳定性，有利于保存；如果测定不可过滤的金属时，应保留过滤水样用的滤膜以备用。对于泥沙型水样，可用离心方法处理。对含有机质多的水样，可用滤纸或砂芯漏斗过滤。在自然沉降后取上清液测定可滤态组分是不恰当的。水样保存方法和保存期如表 2−1 所示。

表 2 - 1　水样保存方法和保存期

测定项目	容器材质	保存方法	保存期	备注
浊度	P 或 G	4℃，暗处	24h	尽量现场测定
色度	P 或 G	4℃	48h	尽量现场测定
pH	P 或 G	4℃	12h	尽量现场测定
电导	P 或 G	4℃	24h	尽量现场测定
悬浮物	P 或 G	4℃，避光	7d	—
碱度	P 或 G	4℃	24h	—
酸度	P 或 G	4℃	24h	—
高锰酸盐指数	G	加 H_2SO_4，使 pH<2，4℃	48h	
COD	G	加 H_2SO_4，使 pH<2，4℃	48h	
BOD_5	溶解氧瓶（G）	4℃，避光	6h	最长不超过 24h
DO	溶解氧瓶（G）	加 $MnSO_4$、碱性 KI-NaN_3 溶液固定，4℃，暗处	24h	尽量现场测定
TOC	G	加硫酸，使 pH<2，4℃	7d	常温下保存 24h
氟化物	P	4℃，避光	14d	—
氯化物	P 或 G	4℃，避光	30d	—
氰化物	P	加 NaOH，使 pH>12，4℃，暗处	24h	—
硫化物	P 或 G	加 NaOH 和 Zn（Ac）$_2$ 溶液固定，避光	24h	—
硫酸盐	P 或 G	4℃，避光	7d	—
正磷酸盐	P 或 G	4℃	24h	—
总磷	P 或 G	加 H_2SO_4，使 pH≤2	24h	—
氨氮	P 或 G	加 H_2SO_4，使 pH<2，4℃	24h	—
亚硝酸盐	P 或 G	4℃，避光	24h	尽快测定
硝酸盐	P 或 G	4℃，避光	24h	—
总氮	P 或 G	加 H_2SO_4，使 pH<2，4℃	24h	—
铍	P 或 G	加 HNO_3，使 pH<2；污水加至 1%	14d	
铜、锌、铅、镉	P 或 G	加 HNO_3，使 pH<2；污水加至 1%	14d	—

（续）

测定项目	容器材质	保存方法	保存期	备注
铬（六价）	P 或 G	加 NaOH，使 pH 为 8～9	24h	尽快测定
砷	P 或 G	加 H_2SO_4，使 pH<2，污水加至 1%	14d	—
汞	P 或 G	加 HNO_3，使 pH≤1；污水加至 1%	14d	—
硒	P 或 G	4℃	24h	尽快测定
油类	G	加 HCl，使 pH<2，4℃	7d	不加酸，24h 内测定
挥发性有机物	G	加 HCl，使 pH<2，4℃，避光	24h	—
酚类	G	加 H_3PO_4，使 pH<2，加抗坏血酸，4℃，避光	24h	—
硝基苯类	G	加 H_2SO_4，使 pH 为 1～2，4℃	24h	尽快测定
农药类	G	加抗坏血酸除余氯，4℃，避光	24h	—
除草剂类	G	加抗坏血酸除余氯，4℃，避光	24h	—
阴离子表面活性剂	P 或 G	4℃，避光	24h	—
微生物	G	加 $Na_2S_2O_3$ 溶液除余氯，4℃	12h	—
生物	G	加甲醛固定，4℃	12h	—

注：G 为硬质玻璃瓶，P 为聚乙烯瓶（桶）。

八、水样的预处理

（一）水样的消解

当测定含有机物的水样中的无机元素时，需进行消解处理。消解处理的目的是破坏有机物，溶解悬浮性固体，将各种价态的待测元素氧化成单一高价态或转变成易于分离的无机化合物。消解后的水样应清澈、透明、无沉淀。消解水样的方法有湿式消解法和干灰化法（干式分解法）。

1. 湿式消解法

（1）硝酸消解法。对于较清洁的水样，可用硝酸消解。其方法要点是：取

混匀的 $50\sim200mL$ 水样于烧杯中,加入 $5\sim10mL$ 浓硝酸,在电热板上加热煮沸,蒸发至小体积,试液应清澈透明,呈浅色或无色,否则应补加硝酸继续消解。蒸至近干后,取下烧杯,稍冷却后加 $20mL$ 2% 的 HNO_3(或 HCl),温热溶解可溶盐。若有沉淀,应过滤,滤液冷却至室温后于 $50mL$ 容量瓶中定容,备用。

(2)硝酸-高氯酸消解法。两种酸都是强氧化性酸,联合使用可消解含难氧化有机物的水样。其方法要点是:取适量水样于烧杯或锥形瓶中,加 $5\sim10mL$ 硝酸,在电热板上加热、消解至大部分有机物被分解。取下烧杯,稍冷却,加 $2\sim5mL$ 高氯酸,继续加热至开始冒白烟,如试液呈深色,再补加硝酸,继续加热至冒浓厚白烟将尽(不可蒸至干涸)。取下烧杯冷却,用 2% 的 HNO_3 溶解,如有沉淀,应过滤,滤液冷至室温定容备用。因为高氯酸能与羟基化合物反应生成不稳定的高氯酸酯,有发生爆炸的危险,故先加入硝酸,氧化水样中的羟基化合物,稍冷后再加高氯酸处理。

(3)硝酸-硫酸消解法。两种酸都有较强的氧化能力,其中硝酸沸点低,而硫酸沸点高,二者结合使用,可提高消解温度和消解效果。常用的硝酸与硫酸的比例为 $5:2$。消解时,先将硝酸加入水样中,加热蒸发至小体积,稍冷,再加入硫酸、硝酸,继续加热蒸发至冒大量白烟,冷却,加适量水,温热溶解可溶盐,若有沉淀,应过滤。为提高消解效果,常加入少量过氧化氢。

(4)硫酸-磷酸消解法。两种酸的沸点都比较高,其中硫酸氧化性较强,磷酸能与一些金属离子如 Fe^{3+} 等结合,故二者结合消解水样,有利于测定时消除 Fe^{3+} 等离子的干扰。

(5)硫酸-高锰酸钾消解法。该方法常用于消解测定汞的水样。高锰酸钾是强氧化剂,在中性、碱性、酸性条件下都可以氧化有机物,其氧化产物多为草酸根,但在酸性介质中还可继续氧化。其消解要点是:取适量水样,加适量硫酸和 5% 的高锰酸钾溶液,混匀后加热煮沸,冷却,滴加盐酸羟胺溶液破坏过量的高锰酸钾。

(6)多元消解法。为提高消解效果,在某些情况下需要采用三元以上酸或氧化剂消解体系。例如,处理测总铬的水样时,用硫酸、磷酸和高锰酸钾消解。

(7)碱分解法。当用酸体系消解水样造成易挥发组分损失时,可改用碱分解法,即在水样中加入氢氧化钠和过氧化氢溶液,或者氨水和过氧化氢溶液,加热煮沸至近干,用水或稀碱溶液温热溶解。

2. 干灰化法

干灰化法又称高温分解法。其处理过程是:取适量水样于白瓷或石英蒸发皿中，置于水浴上或用红外灯蒸干，移入马福炉内，于 $450\sim550\,^{\circ}\mathrm{C}$ 灼烧到残渣呈灰白色，使有机物完全分解除去。取出蒸发皿，冷却，用适量 2% 的 $\mathrm{HNO_3}$（或 HCl）溶解样品灰分，过滤，滤液定容后供测定。

该方法不适用于处理测定易挥发组分（如砷、汞、镉、硒、锡等）的水样。

（二）富集与分离

当水样中的待测组分含量低于测定方法的测定下限时，就必须进行样品的富集或浓缩；当有共存干扰组分时，就必须采取分离或掩蔽措施。富集和分离过程往往是同时进行的，常用的方法有气提、顶空、蒸馏、溶剂萃取等，要根据具体情况选择使用。

1. 气提法

该方法是把惰性气体通入调制好的水样中，将欲测组分吹出，直接送入仪器测定，或者导入吸收液吸收富集后再测定（图 2-7）。例如，用冷原子荧光光谱法测定水样中的汞时，先将汞离子用氯化亚锡还原为原子态汞，再利用汞易挥发的性质，通入惰性气体将其吹出并送入仪器测定；用分光光度法测定水样中的硫化物时，先使之在磷酸介质中生成硫化氢，再用惰性气体载入乙酸锌-乙酸钠溶液吸收，达到与母液分离和富集的目的。

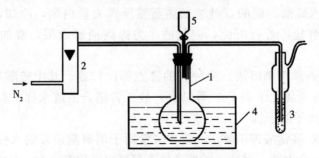

图 2-7　测定硫化物吹气分离装置
1. 500mL 平底烧瓶（内装水样）；2. 流量计；3. 吸收管（内装洗手液）；
4. $50\sim60\,^{\circ}\mathrm{C}$ 恒温水浴；5. 分液漏斗

2. 顶空法

该方法常用于测定挥发性有机物（VOCs）或挥发性无机物（VICs）水样的预处理。测定时，先在密闭的容器中装入水样，容器上部留存一定空间，再将容器置于恒温水浴中，经过一定时间，容器内的气液两相达到平衡，欲测组分在两相中的分配系数 K 和两体积比 β 分别为

$$K = \frac{[X]_G}{[X]_L}$$

$$\beta = \frac{V_G}{V_L}$$

式中，$[X]_G$ 和 $[X]_L$——平衡状态下欲测物 X 在气相和液相中的浓度；

V_G 和 V_L——气相和液相体积。

根据物料平衡原理，可以推导出欲测物在气相中的平衡浓度 $[X]_G$ 和其在水样中原始浓度 $[X]_{L^O}$ 之间的关系式，即

$$[X]_G = \frac{[X]_{L^O}}{K + \beta}$$

K 值大小与被处理对象的物理性质、水样组成、温度有关，可用标准试样在与水样同样条件下测知，而 β 值也已知，故当从顶空装置取气样测得 $[X]_G$ 后，即可利用上式计算出水样中欲测物的原始浓度 $[X]_{L^O}$。

3. 蒸馏法

蒸馏法是指利用水样中各污染组分具有不同的沸点而使其彼此分离的方法，分为常压蒸馏、减压蒸馏、水蒸气蒸馏、分馏法等。测定水样中的挥发酚、氰化物、氟化物时，均需在酸性介质中进行常压蒸馏分离；测定水样中的氨氮时，需在微碱性介质中进行常压蒸馏分离。在此，蒸馏具有消解、分离和富集三种作用。图 2-8 为挥发酚和氰化物蒸馏装置，图 2-9 为氟化物水蒸气蒸馏装置。

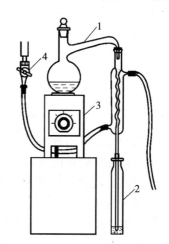

图 2-8 挥发酚和氰化物蒸馏装置
1. 500mL 全玻璃蒸馏器；2. 接收瓶；
3. 电炉；4. 水龙头

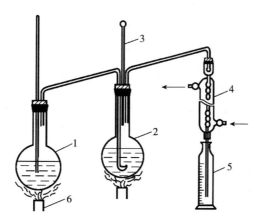

图 2-9 氟化物水蒸气蒸馏装置
1. 水蒸气发生瓶；2. 烧瓶（内装水样）；3. 温度计；4. 冷凝器；5. 接收瓶；6. 热源

4. 溶剂萃取法

溶剂萃取法是基于不同物质在互不相溶的两种溶剂中分配系数 K 不同，进行组分的分离和富集。

$$K = \frac{\text{有机相中欲萃取物浓度}}{\text{水相中欲萃取物浓度}}$$

当水相中某组分的 K 值大时，表明易进入有机相，而 K 值很小的组分仍留在水相中。在恒定温度时，K 值为常数。

分配系数 K 中所指欲分离组分在两相中的存在形式相同时，而实际情况并非如此，故常用分配比 D 表示萃取效果，即

$$D = \frac{\sum [A]_{\text{有机相}}}{\sum [A]_{\text{水相}}}$$

式中，$\sum [A]_{\text{有机相}}$——欲分离组分 A 在有机相中各种存在形式的总浓度；

$\sum [A]_{\text{水相}}$——组分 A 在水相中的各种存在形式的总浓度。

分配比随被萃取组分的浓度、溶液的酸度、萃取剂的浓度及萃取温度等条件而变化。只有在简单的萃取体系中，欲萃取组分在两相中存在形式相同时，K 才等于 D。分配比反映出欲萃取组分在萃取体系达到平衡时的实际分配情况，具有较大的实用价值。

被萃取组分在两相中的分配情况还可以用萃取率 E 表示，其表达式为

$$E(\%) = \frac{\text{有机相中被萃取组分的量}}{\text{水相和有机相中被萃取组分的总量}} \times 100$$

分配比 D 和萃取率 E 的关系为

$$E(\%) = \frac{100D}{D + \dfrac{V_{\text{水相}}}{V_{\text{有机相}}}}$$

式中，$V_{\text{水相}}$——水相体积；

$V_{\text{有机相}}$——有机相体积。

当水相和有机相的体积相同时，D 和 E 的关系如图 2-10 所示。可见，当 $D = \infty$ 时，$E = 100\%$，一次即可萃取完全；$D = 100$ 时，$E = 99\%$，一次萃取不完全；$D = 10$ 时，$E = 90\%$，需连续多次萃取才趋于萃取完全；$D = 1$ 时，$E = 50\%$，要萃取完全相当困难。

由于有机溶剂只能萃取水相中以非离子状态存在的物质（主要是有机物质），而

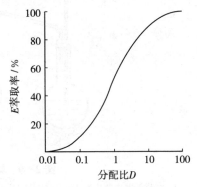

图 2-10　D 与 E 的关系

多数无机物质在水相中以水合离子状态存在，故无法用有机溶剂直接萃取。为实现用有机溶剂萃取水相中的无机物质，需先在水相中加入一种试剂，使其与水相中的离子态组分结合，生成一种不带电、易溶于有机溶剂的物质。该试剂与有机相、水相共同构成萃取体系。根据生成可萃取物类型不同，萃取体系可分为螯合物萃取体系、离子缔合物萃取体系、三元络合物萃取体系和协同萃取体系等。在环境监测中，螯合物萃取体系应用最多。

螯合物萃取体系是指在水中加入螯合剂，与被测金属离子生成易溶于有机剂的中性螯合物，从而可以被有机溶剂萃取出来。例如，用分光光度法测定水中的 Cd^{2+}、Hg^{2+}、Zn^{2+}、Pb^{2+}、Ni^{2+} 等，二硫腙（螯合剂）能与上述离子生成难溶于水的螯合物，可用三氯甲烷（或四氯化碳）从水中萃取后测定，三者构成二硫腙-三氯甲烷-水萃取体系。

为获得满意的萃取效果，必须根据不同的萃取体系选择适宜的萃取条件，如选择效果好的萃取剂和有机溶剂，控制溶液的酸度，采取消除干扰的措施等。

第三节 金属化合物的监测

一、汞的监测

（一）冷原子吸收法

1. 方法原理

汞蒸气可对波长为 253.7nm 的紫外光有选择性地吸收，在一定的浓度范围内，吸光度与汞浓度成正比。

水样经消解后，将各种形态的汞转变成二价汞，再用氯化亚锡将二价汞还原为元素汞，用载气将产生的汞蒸气带入测汞仪的吸收管监测吸光度，与汞标准溶液吸光度进行比较定量。[①]

冷原子吸收专用汞分析仪器主要由光源、吸收管、试样系统、光电检测系统、指示系统组成。国内不同类型的测汞仪的差别主要在于吸收管和试样系统的不同。

2. 监测要点

（1）水样的氧化。取一定体积的水样于锥形瓶中，加硫酸、硝酸、高锰酸钾溶液和过硫酸钾溶液，置沸水浴中使水样近沸状态下保温 1h，维持红色不褪，取下冷却。临近监测时滴加盐酸羟胺溶液，直至刚好使过剩的高锰酸钾褪色及二氧化锰全部溶解为止。

---

① 黄功跃. 环境监测与环境管理［M］. 昆明：云南科技出版社，2017.

（2）标准曲线绘制。依照水样介质条件，用 $HgCl_2$ 配制系列汞标准溶液。分别吸取适量汞标准溶液于还原瓶内，加入氯化亚锡溶液，迅速通入载气，记录表头的指示值。以经过空白校正的各测量值（吸光度）为纵坐标，相应标准溶液的汞浓度为横坐标，绘制出标准曲线。

（3）水样监测。取适量氧化处理好的水样于还原瓶中，与标准溶液进行同样的操作，监测其吸光度，扣除空白值，从标准曲线上查得汞浓度，如果水样经过稀释，要换算成原水样中汞的含量。

该方法适用于各种水体中汞的监测，其最低检测浓度为 $0.1\sim0.5\mu g/L$。

（二）二硫腙分光光度法

水样在 95℃时，在酸性介质中用高锰酸钾和过硫酸钾消解，将无机汞和有机汞转化为二价汞。

用盐酸羟胺将过剩的氧化剂还原，在酸性条件下，汞离子与二硫腙生成橙色螯合物，用有机溶剂萃取，再用碱液洗去过剩的二硫腙，在 485nm 波长处监测吸光度，以标准曲线法求水样中汞的含量。

汞的最低检出浓度（取 250mL 水样）为 0.001mg/L，监测上限为 0.04mg/L。此方法适用于工业废水和受汞污染的地表水的监测。

二、铬的监测

在水体中，铬主要以三价态和六价态出现。六价铬一般以 CrO_4^{2-}、$HCr_2O_7^-$、$Cr_2O_7^{2-}$ 三种阴离子形式存在，其具体存在形式受水体 pH、温度、氧化还原物、有机物等因素的影响。

铬是生物体必需的微量元素之一，它的毒性与其存在价态有关。六价铬具有强毒性，为致癌物质，易被人体吸收并且可以在体内蓄积，导致肝癌。我国把六价铬规定为实施总量控制的指标之一。天然水中铬的含量很低，通常为 $1\sim10\mu g/L$ 的水平。陆地天然水中一般不含铬，海水中铬的平均浓度为 $0.05\mu g/L$。当水中六价铬的浓度为 1mg/L 时，水呈淡黄色并有涩味。当水中三价铬的浓度为 1mg/L 时，水的浊度明显增加，三价铬化合物对鱼的毒性比六价铬大。

铬的污染源主要是含铬矿石的加工、金属表面处理、皮革鞣制、印染、照相等行业的工业废水。

铬的监测方法主要有二苯碳酰二肼分光光度法、原子吸收分光光度法、等离子发射光谱法及硫酸亚铁铵滴定法。清洁的水样可直接用二苯碳酰二肼分光光度法测六价铬。如测总铬，用高锰酸钾将三价铬氧化成六价铬，再用二苯碳酰二肼分光光度法监测。水样中含铬量较高时，用硫酸亚铁铵滴定法监测。

铬的监测步骤如下。

（1）样品预处理。样品中不含悬浮物，低色度的清洁水样可直接监测；如水样有色但不太深，可用以丙酮代替显色剂的空白水样做参比监测；对于浑浊、色度较深的水样，可用锌盐沉淀分离法进行预处理。以氢氧化锌作为共沉淀剂，调节溶液 pH 为 8～9，此时 Cr^{3+}、Fe^{3+}、Cu^{2+} 均形成氢氧化物沉淀，可过滤除去；当水中存在亚硫酸盐、二价铁等还原性物质和次氯酸盐等氧化性物质时，应采取相应措施消除干扰。

（2）绘制标准曲线。用优级纯 $K_2Cr_2O_7$ 配制铬标准溶液，分别取不同的体积于比色管中，加酸显色、加水定容，于 540nm 波长处，以水为参比，分别监测吸光度值，将测得的吸光度经空白校正后，绘制标准曲线。

（3）样品监测。取适量清洁水样或经过预处理的水样，与标准系列同样操作，将测得的吸光度值经空白校正，从标准曲线上查找，并计算水样中六价铬的含量。

必须注意的是，水样应在取样当天分析，因为在保存期间六价铬会有所损失。另外，水样应在中性或弱碱性条件下存放。已有实验证实，在 pH 为 2 的条件下保存，1 天之内六价铬就会全部转化为三价铬。

三、砷的监测

砷不溶于水，可溶于酸和王水中。砷的可溶性化合物都具有毒性，三价砷化合物比五价砷化合物毒性更强。砷在饮水中的最高允许浓度为 0.05mg/L，口服 As_2O_3（俗称砒霜）5～50mg 可造成急性中毒，致死量为 60～200mg。砷还有致癌作用，能引起皮肤病。

地面水中砷的污染主要来源于采矿、冶金、化学制药、农药生产、纺织、玻璃和制革等部门的工业废水，化学工业、矿业工业的副产品也会含有气体砷化物。含砷废水进入水体中，一部分随悬浮物、铁锰胶体物质沉积于水底，另一部分存在于水中。

砷的监测方法有分光光度法、阳极溶出伏安法及原子吸收法等。新银盐分光光度法具有测定快速、灵敏度高的特点，二乙氨基二硫代甲酸银分光光度法是一种经典方法。

（一）新银盐分光光度法

1. 方法原理

硼氢化钾（或硼氢化钠）在酸性溶液中会产生新生态的氢，将水样中无机砷还原成砷化氢气体。以硝酸—硝酸银—聚乙烯醇—乙醇溶液为吸收液，砷化氢将吸收液中的银离子还原成单质胶态银，使溶液呈黄色，颜色强度与生成氢化物的量成正比。黄色溶液在波长 400nm 处有最大吸收，峰形对称。溶液颜色在 2h 内无明显变化（20℃以下）。

取最大水样体积 250mL，本方法的检出限为 0.000 4mg/L，测定上限为 0.012mg/L。砷化氢发生与吸收装置（图 2-11）适用于地表水和地下水痕量砷的测定。[①]

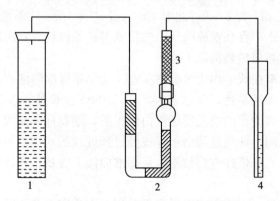

图 2-11 砷化氢发生与吸收装置
1. 砷化氢发生器；2. U 形管；3. 导气管；4. 砷化氢吸收管

2. 干扰及消除

该方法对砷的测定具有较好的选择性。但对反应中能生成与砷化氢类似氢化物的其他离子有正干扰，如锑、铋、锡等；对被氢还原的金属离子有负干扰，如镍、钴、铁等；对常见离子不干扰。

（二）二乙氨基二硫代甲酸银分光光度法

锌与酸作用，产生新生态氢。在碘化钾和氯化亚锡的作用下，使五价砷还原为三价砷，三价砷被新生态氢还原成气态砷化氢。用二乙氨基二硫代甲酸银-三乙醇胺的三氯甲烷溶液吸收气态砷化氢，生成红色胶体银，在波长510nm 处测其吸光度。空白校正后的吸光度用标准曲线法定量。

该方法可测定水和废水中的砷。

四、镉的监测

镉是毒性较大的金属元素之一。镉在天然水中的含量通常小于 0.01mg/L，低于饮用水的水质标准，天然海水中更低，因为镉主要在悬浮颗粒和底部沉积物中，所以水中镉的浓度很低，欲了解镉的污染情况，需对底泥进行测定。

镉污染不易分解和自然消化，在自然界中是最容易累积的。废水中的可溶

---

① 隋鲁智，吴庆东，郝文. 环境监测技术与实践应用研究［M］. 北京：北京工业大学出版社，2018.

性镉被土壤吸收，形成土壤污染，土壤中可溶性镉又容易被植物所吸收，使得食物中镉含量增加。人们食用这些食品后，镉也随之进入人体，分布到全身各器官，主要蓄积在肝、肾、胰和甲状腺中。镉也会随尿排出，但持续时间很长。

镉污染会产生协同作用，加剧其他污染物的毒性。实际上，单一的或纯净的含镉废水是少见的，所以镉污染往往会呈现更大的毒性。我国规定，对于镉及其无机化合物，工厂最高允许排放浓度为 0.1mg/L，并且不得用稀释的方法代替必要的处理。镉污染主要来源于以下 3 个方面。

（1）金属矿的开采和冶炼。镉属于稀有金属，天然矿物中镉与锌、铅、铜等共存，因此在矿石的浮选、冶炼、精炼等过程中便会排出含镉废水。

（2）化学工业中，涤纶、涂料、塑料、试剂等工厂、企业使用镉或镉制品作原料或催化剂的某些生产过程也会产生含镉废水。

（3）生产轴承、弹簧、电光器械和金属制品等机械工业与电器、电镀、印染、农药、陶瓷、蓄电池、光电池、原子能工业部门废水中亦含有不同程度的镉。

测定镉的方法，主要有原子吸收分光光度法、二硫腙分光光度法等。

（一）原子吸收分光光度法

原子吸收分光光度法又称原子吸收光谱法，它是根据某元素的基态原子对该元素的特征谱线的选择性吸收来进行测定的分析方法。镉的原子吸收分光光度法有直接吸入火焰原子吸收分光光度法、萃取火焰原子吸收分光光度法等。

1. 直接吸入火焰原子吸收分光光度法

该方法测定速度快、干扰少，适用于分析废水、地下水和地面水，一般仪器的适用浓度范围为 0.05～1.00mg/L。

（1）方法原理。将试样直接吸入空气-乙炔火焰中，在波长 228.8nm 处测定吸光度。火焰中形成的原子蒸气会吸收光，将测得的样品吸光度和标准溶液的吸光度进行比较，确定样品中被测元素的含量。

（2）试样测量。首先将水样进行消解处理，然后按说明书启动、预热、调节仪器，使之处于工作状态。依次用 0.2％的硝酸溶液将仪器调零，用标准系列分别进行喷雾，每个水样进行 3 次读数，将 3 次读数的平均值作为该点的吸光度。以浓度为横坐标、吸光度为纵坐标绘制标准曲线。同样测定试样的吸光度，从标准曲线上查得水样中待测离子浓度，注意水样体积的换算。

2. 萃取火焰原子吸收分光光度法

该方法适用于分析地下水和清洁地面水。在分析生活污水和工业废水以及受污染的地面水时，样品需预先消解。一般仪器的适用浓度范围为 $1\sim$ $50\mu g/L$。

用吡咯烷二硫代氨基甲酸铵（APDC）和甲基异丁酮（MIBK）萃取镉的程序是取一定体积预处理好的水样和一系列标准溶液，调 pH 为 3，各加入 2mL 2％的 APDC 溶液摇匀，静置 1min。加入 10mL MIBK 萃取 1min，静置分层，弃去水相，用滤纸吸干分液漏斗颈内残留液。将有机相置于 10mL 具塞试管中，盖严供测定用。按直接测定条件点燃火焰以后，用 MIBK 喷雾，降低乙炔/空气比，使火焰颜色和水溶液喷雾时大致相同。用萃取标准系列中试剂空白的有机相将仪器调零，分别测定标准系列和样品的吸光度，利用标准曲线法求水样中的 Cd^{2+} 含量。

（二）二硫腙分光光度法

1. 方法原理

在强碱性溶液中，镉离子与二硫腙生成红色络合物。用三氯甲烷萃取分离后，于波长 518nm 处进行分光光度测定，从而求出镉的含量，其反应式如下。

$$Cd^{2+}+2S=C \longrightarrow S=C \cdots Cd \cdots =S+2H^+$$

2. 方法适用范围

各种金属离子的干扰均可用控制 pH 和加入酒石酸钾钠、氰化钾等配位剂掩蔽。当有大量有机物污染时，需把水样消解后测定。本方法适用于受镉污染的天然水和废水中镉的测定，最低检出浓度为 0.001mg/L，测定上限为 0.06mg/L。

五、铅的监测

铅的污染主要来自铅矿的开采，含铅金属冶炼，橡胶生产，含铅油漆颜料的生产和使用，蓄电池厂的熔铅和制粉，印刷业的铅版、铅字的浇铸，电缆及铅管的制造，陶瓷的配釉，铅质玻璃的配料，以及焊锡等工业排放的废水。汽车尾气排出的铅随降水进入地面水中，亦会造成铅的污染。

铅通过消化道进入人体后，积蓄于骨髓、肝、肾、脾、大脑等处，即形成所谓"贮存库"，之后慢慢从中放出，通过血液扩散到全身并进入骨骼，引起严重的累积性中毒。世界上地面水中，天然铅的平均值大约是 $0.5\mu g/L$，地下水中铅的浓度在 $1\sim60\mu g/L$，当铅浓度达到 0.1mg/L 时，可抑制水体的自净功能。铅进入水体中与其他重金属一样，一部分被水生物浓集于体内；另一部分则随悬浮物絮凝沉淀于底质中，甚至在微生物的参与下可能转化为四甲基铅。铅不能被生物代谢所分解，在环境中属于持久性的污染物。[①]

测定铅的方法有二硫腙分光光度法、原子吸收分光光度法、阳极溶出伏安法等。

在 pH 为 8.5～9.5 的氨性柠檬酸盐-氰化物的还原性介质水样中的铅可与二硫腙形成可被三氯甲烷萃取的淡红色的二硫腙铅螯合物，其反应式如下。

有机相可于最大吸收波长 510nm 处测量，利用工作曲线法求得水样中铅的含量，该方法的线性范围为 0.01～0.3mg/L。该方法适用于测定地表水和废水中痕量铅。

测定时，要特别注意器皿、试剂及去离子水是否含痕量铅，这是能否获得准确结果的关键。Bi^{3+}、Sn^{2+} 等干扰测定，可预先在 pH 为 2～3 时用二硫腙三氯甲烷溶液萃取分离。为防止二硫腙被一些氧化物质如 Fe^{3+} 等氧化，可在氨性介质中加入盐酸羟胺和亚硫酸钠。

六、铝的监测

铝是自然界中的常量元素，毒性不大，但过量摄入人体，能干扰磷的代谢，对胃蛋白酶的活性有抑制作用。我国饮用水限值为 0.2mg/L。

环境水体中的铝来自冶金、石油加工、造纸、罐头和耐火材料、木材加工、防腐剂生产、纺织等工业排放的废水。

铝的测定方法有电感耦合等离子体原子发射光谱法（ICP-AES）、间接火焰原子吸收法和分光光度法等。分光光度法受共存组分铁及碱金属、碱土金属元素的干扰。

（一）电感耦合等离子体原子发射光谱法（ICP-AES）

该方法是以电感耦合等离子炬为激发光源的光谱分析方法，具有准确度和精密度高、检出限低、测定快速、线性范围宽、可同时测定多种元素等优点，国外已广泛用于环境样品及岩石、矿物、金属等样品中数十种元素的

---

① 隋鲁智，吴庆东，郝文．环境监测技术与实践应用研究［M］．北京：北京工业大学出版社，2018．

测定。

1. 方法原理

电感耦合等离子体焰炬温度可达 6 000～8 000K，当将试样由进样器引入雾化器，并被氩载气带入焰炬时，则试样中组分被原子化、电离、激发，以光的形式发射出能量。不同元素的原子在激发或电离后回到基态时，会发射不同波长的特征光谱，故根据特征光的波长可进行定性分析；元素的含量不同时，发射特征光的强弱也不同，据此可进行定量分析，其定量关系的表示公式为

$$I = aC^b$$

式中，I——发射特征谱线的强度；

C——被测元素的浓度；

a——与试样组成、形态及测定条件等有关的系数；

b——自吸系数，$b \leqslant 1$。

2. 仪器装置

仪器由等离子体焰炬、进样器、分光器、控制和检测系统等组成。等离子体焰炬由高频电发生器和感应圈、炬管、试样引进和供气系统组成（图 2-12）。高频电发生器和感应圈提供电磁能量。炬管由 3 个同心石英管组成，分别通入载气、冷却气、辅助气（均为氩气）；当用高频点火装置发生火花后，形成等离子体焰炬，接受由载气带来的气溶胶试样进行原子化、电离、激发。进样器为利用气流提升和分散试样的雾化器，雾化后的试样送入等离子炬的载气流。分光器由透镜、光栅等组成，用于将各元素发射的特征光按波长依次分开。控制和检测系统由光电转换及测量部件、微型计算机和指示记录器件组成。整机组成见图 2-13。

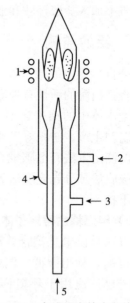

图 2-12 电感耦合等离子体焰炬

1. 高频发生器和感应圈；2. 冷却器；

3. 辅助气；4. 炬管；5. 试样载气

3. 测定要点

（1）水样预处理。测定溶解态元素，采样后立即用 0.45μm 滤膜过滤，取所需体积滤液，加入硝酸消解。测定元素总量，取所需体积均匀水样，用硝酸消解。消解好后，均需定容至原取样体积，并使溶液保持 5% 的硝酸酸度。

（2）配制标准溶液和试剂空白溶液。

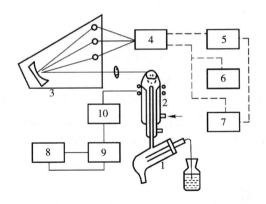

图 2-13　电感耦合等离子体发射光谱仪组成

1. 进样器；2. 等离子体焰炬；3. 分光器；4. 光电转换及测量部件；5. 微型计算机；
6. 记录仪；7. 打印机；8. 高频电源；9. 功率探测器；10. 高频整流器

（3）测量。调节好仪器工作参数，选两个标准溶液进行两点校正后，依次将试剂空白溶液、水样喷入 ICP 焰测定，扣除空白值后的元素测定值即为水样中该元素的浓度。一些元素的测定波长及检出限如表 2-2 所示。

表 2-2　一些元素的测定波长及检出限

测定元素	波长/ nm	检出限/ (mp · L^{-1})	测定元素	波长/ nm	检出限/ (mp · L^{-1})
Al	308.21	0.1	Fe	238.20	0.03
	396.15	0.09		259.94	0.03
As	193.69	0.1	K	766.49	0.5
Ba	233.53	0.004	Mg	279.55	0.002
	455.40	0.003		285.21	0.02
Be	313.04	0.000 3	Mn	257.61	0.001
	234.86	0.005		293.31	0.02
Ca	317.93	0.01	Na	589.59	0.2
	393.37	0.002	Ni	231.60	0.01
Cd	214.44	0.003	Pb	220.35	0.05
	226.50	0.003	Sr	407.77	0.001
Co	238.89	0.005	Ti	334.94	0.005
	228.62	0.005		336.12	0.01
Cr	205.55	0.01	V	311.07	0.01
	267.72	0.01	Zn	231.86	0.006
Cu	324.75	0.01			
	327.39	0.01			

（二）间接火焰原子吸收法

在 pH 为 4.0～5.0 的乙酸-乙酸钠缓冲介质中及有 a-砒啶基-p-偶氮萘酚（PAN）存在的条件下，Al^{3+} 与 Cu（Ⅱ）-EDTA 发生定量交换，反应式为

$$Cu(Ⅱ)-EDTA+PNA+Al^{3+} \rightarrow Cu(Ⅱ)-PNA+Al(Ⅲ)-EDTA$$

生成物 Cu（Ⅱ）-PAN 可被氯仿萃取，分离后，将水相喷入原子吸收分光光度计的空气-乙炔贫燃焰，测定剩余的铜，从而间接测定铝的含量。

该方法测定浓度范围为 0.1～0.8mg/L，可用于地表水、地下水、饮用水及污染度较轻的废（污）水中铝的测定。

七、铜的监测

铜是人体所必需的微量元素，人体缺铜会发生贫血、腹泻等病症，但过量摄入铜亦会产生危害。铜对水生生物的危害较大，有人认为铜对鱼类的毒性浓度始于 0.002mg/L，但一般认为水体含铜 0.01mg/L 对鱼类是安全的。铜对水生生物的毒性与其形态有关，游离态铜离子的毒性比络合态铜大得多。

铜的主要污染源是电镀、五金加工、矿山开采、石油化工和化学工业等部门排放的废水。

测定水中铜的方法主要有原子吸收分光光度法、二乙氨基二硫代甲酸钠分光光度法和新亚铜灵萃取分光光度法，还可以用阳极溶出伏安法、示波极谱法、ICP-AES 法。

二乙氨基二硫代甲酸钠分光光度法的原理基于：在 pH 为 9～10 的氨性溶液中，铜离子与二乙氨基二硫代甲酸钠（铜试剂，简写为 DDTC）作用，生成摩尔比为 1∶2 的黄棕色胶体络合物，该络合物可被四氯化碳或三氯甲烷萃取，其最大吸收波长为 440nm。在测定条件下，有色络合物可以稳定 1h，但当水样中含铁、锰、镍、钴和铋等离子时，也会与 DDTC 生成有色络合物，干扰铜的测定。除铋外，均可用 EDTA 和柠檬酸铵掩蔽消除。铋干扰可以通过加入氰化钠予以消除。

当水样中含铜较高时，可加入明胶、阿拉伯胶等胶体保护剂，在水相中直接进行分光光度测定。该方法最低检测浓度为 0.01mg/L，测定上限可达 2.0mg/L，可用于地面水和工业废水中铜的测定。

第四节　非金属无机物的监测

一、pH 的测定

天然水的 pH 一般为 7.2～8.5。当水体受到酸、碱污染后，引起水体 pH

变化，对 pH 的测量可以估计哪些金属已水解沉淀，哪些金属还留在水中。水体的酸污染主要来自冶金、搪瓷、电镀、轧钢、金属加工等工业的酸洗工序和人造纤维、酸法造纸排出的废水等；另外还来自酸性矿山排水。碱污染主要来源于碱法造纸、化学纤维、制碱、制革、炼油等工业废水。

水体受到酸、碱污染后，pH 发生变化，在水体 pH<6.5 或 pH>8.5 时，水中微生物生长受到抑制，使得水体自净功能受到阻碍，并腐蚀船舶和水中设施。酸对鱼类的鳃有不易恢复的腐蚀作用；碱会引起鱼鳃分泌物凝结，使鱼呼吸困难，不利于鱼类生存。水体长期受到酸、碱污染将导致人类生态系统被破坏。为了保护水体，我国规定河流水体的 pH 应为 6.5~9。

测 pH 的方法有玻璃电极法和比色法，其中玻璃电极法基本上不受溶液的颜色、浊度、胶体物质、氧化剂和还原剂以及高含盐量的干扰。但当 pH>10 时，该方法会产生较大的误差，使读数偏低，称为"钠差"。克服"钠差"的方法除了使用特制的"低钠差"电极，还可以选用与被测溶液 pH 相近的标准缓冲溶液对仪器进行校正。

（一）玻璃电极法

1. 玻璃电极法原理

以饱和甘汞电极为参比电极、玻璃电极为指示电极组成电池。在 25℃下，溶液中每变化 1 个 pH 单位，电位差就变化 59.16mV，将电压表的刻度变为 pH 刻度，便可直接读出溶液的 pH，温度差异可以通过仪器上的补偿装置进行校正。

2. 所需仪器

各种型号的 pH 计及离子活度计、玻璃电极、甘汞电极。

3. 注意事项

（1）通常用邻苯二甲酸氢钾、磷酸二氢钾＋磷酸氢二钠和四硼酸钠溶液依次校正仪器，这 3 种常用的标准缓冲溶液在目前市场上均有售。

（2）玻璃电极在使用前需浸泡在蒸馏水中活化 24 小时。本实验所用蒸馏水均为二次蒸馏水，电导率小于 $2\mu\Omega/cm$，用前煮沸以排出 CO_2。

（3）pH 是现场测定的项目，最好把电极插入水体直接测量。

（二）比色法

酸碱指示剂在其特定 pH 范围的水溶液中产生不同颜色，向标准缓冲溶液中加入指示剂，将生成的颜色作为标准比色管，与加入同一种指示剂的水样显色管目视比色，可测出水样的 pH。该法适用于色度很低的天然水、饮用水等。如水样有色、浑浊或含较高的游离余氯、氧化剂、还原剂，均会干扰测定。

二、溶解氧的测定

溶解氧就是指溶解于水中分子状态的氧，即水中的 O_2，以 DO 表示，是水生生物生存不可缺少的条件。溶解氧的一个来源是水中溶解氧未饱和时，大气中的氧气向水体渗入；另一个来源是水中植物通过光合作用释放出的氧。溶解氧随着温度、气压、盐分的变化而变化。一般说来，温度越高，溶解的盐分越大，水中的溶解氧越低；气压越高，水中的溶解氧越高。溶解氧除了被水中硫化物、亚硝酸根、亚铁离子等还原性物质所消耗外，也被水中微生物的呼吸作用以及水中好氧微生物氧化分解所消耗。所以说，溶解氧是水体的资本，是水体自净能力的表现。[①]

天然水中溶解氧近于饱和值（9 mg/L），藻类繁殖旺盛时，溶解氧含量下降。水体受有机物及还原性物质污染可使溶解氧降低，当 DO 小于 4.5mg/L 时，鱼类生活困难；当 DO 消耗速率大于氧气向水体中融入的速率时，DO 趋近于 0，厌氧菌得以繁殖使水体恶化。所以，溶解氧的大小反映出水体受到污染，特别是有机物污染的程度。溶解氧是水体污染程度的重要指标，也是衡量水质的综合指标。

测定水中溶解氧的方法有碘量法及其修正法和膜电极法。清洁水可用碘量法，受污染的地面水和工业废水必须用修正的碘量法或膜电极法。

三、氰化物的测定

氰化物主要包括氢氰酸（HCN）及其盐类（如 KCN、NaCN）。氰化物是剧毒化合物之一，也是十分重要的、具有广泛用途的化工原料。在天然物质中，如苦杏仁、枇杷仁、桃仁、木薯及白果，均含有少量 KCN。一般在自然水体中不会出现氰化物，水体受到氰化物的污染往往是由工厂排放废水以及使用含有氰化物的杀虫剂引起。氰化物主要来源于金属电镀、矿石浮选、染料、制药、金属着色、铂金精炼等工业。

人误服或在工作环境中吸入氰化物时，会造成中毒。其主要原因是氰化物进入人体后，可与高铁型细胞色素氧化酶结合，使之失去传递氧的功能，引起组织缺氧而致中毒。

测定氰化物的方法主要有硝酸银滴定法、分光光度法、离子选择电极法等。测定之前，通常先将水样在酸性介质中进行蒸馏，把能形成氰化氢的氰化物蒸出，使之与干扰组分分离。常用的蒸馏方法有以下两种。

（1）酒石酸-硝酸锌预蒸馏。在水样中加入酒石酸和硝酸锌，在 pH 约为 4

① 隋鲁智，吴庆东，郝文. 环境监测技术与实践应用研究［M］. 北京：北京工业大学出版社，2018.

的条件下加热蒸馏，简单氰化物及部分络合氰化物（如［$Zn(CN)_4$］$^{2-}$）以 IICN 的形式蒸馏出来，用氢氧化钠溶液吸收，取此蒸馏液测得的氰化物为易释放的氰化物。

（2）磷酸-EDTA 预蒸馏。向水样中加入磷酸和 EDTA，在 pH<2 的条件下，加热蒸馏，利用金属离子与 EDTA 络合能力比与CN^-络合能力强的特性，使配位氰化物离解出CN^-，并在磷酸酸化的情况下，以 HCN 形式蒸馏出。此法测得的是全部简单氰化物和绝大部分络合氰化物，而钴氰络合物则不能蒸出。

四、氨的测定

水中的氨氮是指以游离氨（NH_3）和铵离子（NH_4^+）形式存在的氮，两者的组成比取决于水的 pH。当 pH 偏高时，游离氨的比例较高；反之，则铵盐的比例高。水中氨氮来源主要为生活污水中含氮有机物受微生物作用的分解产物。某些工业废水，如石油化工厂、畜牧场及其废水处理厂、食品厂、化肥厂、炼焦厂等排放的废水及农田排水、粪便是生活污水中氮的主要来源。在有氧环境中，水中氨可转变为亚硝酸盐或硝酸盐。

我国水质分析工作者把水体中溶解氧参数和铵浓度参数结合起来，提出水体污染指数的概念与经验公式，用以指导给水生产和作为评价给水水源水质的优劣标准，所以氨氮是水质的重要测量参数。测定水中氨氮的方法有滴定法、纳氏试剂分光光度法、水杨酸-次氯酸盐分光光度法、气相分子吸收光谱法等。

（一）滴定法

取一定体积水样，将其 pH 调至 6.0～7.4，加入氧化镁使呈微碱性。加热蒸馏，释出的氨用硼酸溶液吸收。取全部吸收液，以甲基红-亚甲蓝为指示剂，用硫酸标准溶液滴定至绿色转变成淡紫色，根据硫酸标准溶液消耗量和水样体积计算氨氮含量。

（二）纳氏试剂分光光度法

在经絮凝沉淀或蒸馏法预处理的水样中，加入碘化汞和碘化钾的强碱溶液（纳氏试剂），则与氨反应生成黄棕色胶态化合物，在波长 410～425nm 处进行光度测定。反应式为

$$2 K_2[HgI_4] + 3KOH + NH_3 \rightarrow NH_2 Hg_2IO + 7KI + 2H_2O$$
（黄棕色）

该方法最低检出浓度为 0.025mg/L，测定上限为 2mg/L。采用目视比色法，最低检出浓度为 0.02mg/L。该方法适用于地表水、地下水和废（污）水中氨氮的测定。

（三）水杨酸-次氯酸盐分光光度法

在碱性介质（pH＝11.7）和亚硝基铁氰化钠存在下，水中的氨、铵离子与水杨酸盐和次氯酸离子反应生成蓝色化合物，于最大吸收波长 697nm 处进行光度测定。反应过程如下：

$$NH_3+HOCl \rightarrow NH_2Cl+H_2O$$
（氯胺）

（水杨酸）　（氨基水杨酸）

（醌亚胺）

（靛酚蓝）

该方法测定浓度范围为 0.01～1mg/L。

（四）气相分子吸收光谱法

在水样中加入次溴酸钠，将氨及铵盐氧化成亚硝酸盐，再加入盐酸和乙醇溶液，则亚硝酸盐迅速分解，生成二氧化氮，用空气载入气相分子吸收光谱仪的吸光管，测量该气体对锌空心阴极灯发射的 213.9nm 特征波长光的吸光度，以标准曲线法定量。专用气相分子吸收光谱仪安装有微型计算机，经用试剂空白溶液校零和用系列标准溶液绘制标准曲线后，即可根据水样吸光度值及水样体积，自动计算出分析结果。

气相分子吸收光谱仪的组成示意图如图 2－14 所示。水样中氨氮在装置 5 中转化成二氧化氮，被由空气泵输送来的净化空气载带入仪器内的吸光管，吸收锌空心阴极发射的特征波长光，其吸光度用光电测量系统测量。可见，如果在原子吸收分光光度计的原子化系统附加吸光管，并配以氨氮转化及气液分离装置，就是一台气相分子吸收光谱仪。

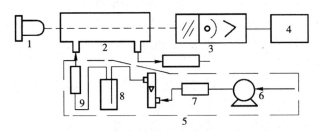

图 2 - 14　气相分子吸收光谱仪组成示意
1. 空心阴极灯；2. 吸光管；3. 分光及光电测量系统；4. 数据处理系统；
5. 水样中氨氮转化及气液分离装置；6. 空气泵；7. 净化管；8. 反应瓶；9. 干燥管

如果水样中含有亚硝酸盐，应事先测定其含量进行扣除。次溴酸钠可将有机胺氧化成亚硝酸盐，故水样含有有机胺时，先进行蒸馏分离。

该方法最低检出浓度为 0.005mg/L，测定上限为 100mg/L，可用于地表水、地下水、海水等水中氨氮的测定。

五、亚硝酸盐氮的测定

亚硝酸盐是含氮化合物分解过程的中间产物，性质极不稳定，可被氧化成硝酸盐，也易被还原成氨，所以取样后立即测定，才能检出。亚硝酸盐实际上是亚铁血红蛋白症的病原体，它可与仲胺类反应生成亚硝胺类，已知它们之中许多具有强烈的致癌性。所以亚硝酸盐是一种潜在的污染物，被列为水质必测项目之一。

水体亚硝酸盐的主要来源为生活污水中含氮有机物的分解，而且化肥、酸洗等工业废水和农田排水也含有一定量的亚硝酸盐氮。

亚硝酸盐氮的测定通常采用 N-(1-萘基)-乙二胺光度法：在 pH 为 1.8 ± 0.3 的磷酸介质中，亚硝酸盐与对氨基苯磺酰胺反应，生成重氮盐，再与 N-(1-萘基)-乙二胺偶联生成红色染料，于波长 540nm 处进行比色测定。

该方法适用于饮用水、地面水、地下水、生活污水和工业废水中亚硝酸盐氮的测定。其最低检出浓度为 0.003mg/L，测定上限为 0.20mg/L。

必须注意的是，水样中如有强氧化剂或还原剂时则干扰测定，可取水样加 $HgCl_2$ 溶液过滤除去。对于 Fe^{3+}、Ca^{2+} 的干扰，可分别在显色之前加 KF 或 EDTA 掩蔽。水样如有颜色和悬浮物时，可于 100mL 水样中加入 2mL 氢氧化铝悬浮液进行脱色处理，滤去 $Al(OH)_3$ 沉淀后再进行显色测定。

六、硝酸盐氮的测定

硝酸盐是在有氧环境中最稳定的含氮化合物，也是含氮有机化合物经无机化作用最终阶段的分解产物。清洁的地面水硝酸盐氮含量较低，受污染水体和一些深层地下水中含量较高。制革、酸洗废水、某些生化处理设施的出水及农田排水中常含大量硝酸盐。人体摄入硝酸盐后，经肠道中微生物作用转变成亚硝酸盐且呈现毒性作用。

水中硝酸盐的测定方法有酚二磺酸分光光度法、镉柱还原法、戴氏合金还原法、紫外分光光度法和离子选择电极法。

紫外分光光度法多用于硝酸盐氮含量高、有机物含量低的地表水测定。该方法的基本原理是采用絮凝共沉淀和大孔型中性吸附树脂进行预处理，以排除天然水中大部分常见有机物、浑浊和 Fe^{3+}、Cr^{6+} 对测定的干扰。利用 NO_3^- 对 220nm 波长处紫外线选择性吸收来定量测定硝酸盐氮。离子选择电极法中的 NO_3^- 离子选择电极属于液体离子交换剂膜电极，这类电极用浸有液体离子交换剂的惰性多孔薄膜作为传感膜，该膜对溶液中不同浓度的 NO_3^- 有不同的电位响应。

七、磷化物的测定

在天然水和废（污）水中，磷主要以各种磷酸盐和有机磷（如磷脂等）的形式存在，也存在于腐殖质粒子和水生生物中。磷是生物生长必需元素之一，但水体中磷含量过高，会导致富营养化，使水质恶化。环境中的磷主要来源于化肥、冶炼、合成洗涤剂等行业的废水和生活污水。

当需要测定总磷、溶解性正磷酸盐和总溶解性磷形式的磷时，可以用预处理方法将以上形式的磷转变成正磷酸盐分别测定。正磷酸盐的测定方法有离子色谱法、钼锑抗分光光度法、孔雀绿-磷钼杂多酸分光光度法等。

（一）钼锑抗分光光度法

在酸性条件下，正磷酸盐与钼酸铵、酒石酸锑氧钾 $[K(SbO)C_4H_4O_6 \cdot 1/2H_2O]$ 反应，生成磷钼杂多酸，再被抗坏血酸还原，生成蓝色络合物（磷酸钼蓝），于 700nm 波长处测量吸光度，用标准曲线法定量。

该方法最低检出浓度为 0.01mg/L，测定上限为 0.6mg/L，适用于地表水和废水。

（二）孔雀绿-磷钼杂多酸分光光度法

在酸性条件下，正磷酸盐与钼酸铵-孔雀绿显色剂反应生成绿色离子缔合物，并以聚乙烯醇稳定显色液，于 620nm 波长处测量吸光度，用标准曲线法定量。该方法最低检出浓度为 $1\mu g/L$，适用浓度范围为 0~0.3mg/L，用于江河、湖泊等地表水及地下水中痕量磷的测定。

八、硫化物的测定

地下水（特别是温泉水）及生活污水常含有硫化物，其中一部分是在厌氧条件下，由于微生物的作用，使硫酸盐还原或含硫有机物分解而产生的。焦化、造气、选矿、造纸、印染、制革等工业废水中亦含有硫化物。

水中硫化物包含溶解性的 H_2S、HS^- 和 S^{2-}，酸溶性的金属硫化物，以及不溶性的硫化物和有机硫化物。通常所测定的硫化物是指溶解性的及酸溶性的硫化物。硫化物毒性很大，可危害细胞色素、氧化酶，造成细胞组织缺氧，甚至危及生命；它还腐蚀金属设备和管道，并可被微生物氧化成硫酸，加剧腐蚀性。因此，它是水体污染的重要指标。

测定水中硫化物的主要方法有对氨基二甲基苯胺分光光度法、碘量法、气相分子吸收光谱法、间接原子吸收法、离子选择电极法等。

水样有色，含悬浮物、某些还原物质（如亚硫酸盐、硫代硫酸钠等）及溶解的有机物均对碘量法或光度法测定有干扰，需进行预处理。常用的预处理方法有乙酸锌沉淀—过滤法、酸化—吹气法或过滤—酸化—吹气法，视水样具体状况选择。

（一）对氨基二甲基苯胺分光光度法

在含高铁离子的酸性溶液中，硫离子与对氨基二甲基苯胺反应，生成蓝色的亚甲蓝染料，颜色深度与水样中硫离子浓度成正比，于 665nm 波长处比色定量。反应式如下。

（亚甲蓝染料）

该方法最低检出浓度为 0.02mg/L（S^{2-}），测定上限为 0.8mg/L。减少取样量，测定上限可达 4mg/L。

（二）碘量法

该方法适用于测定硫化物含量大于 1mg/L 的水样。其原理基于：水样中的硫化物与乙酸锌生成白色硫化锌沉淀，将其用酸溶解后，加入过量碘溶液，则碘与硫化物反应析出硫，用硫代硫酸钠标准溶液滴定剩余的碘。根据硫代硫酸钠溶液消耗量和水样体积，硫化物的计算公式为

$$硫化物(S^{2-},mg/L) = \frac{V_0 - V_1 \times c \times 16.03 \times 1\,000}{V}$$

式中，V_0——空白试验硫代硫酸钠标准溶液用量，mL；

V_1——滴定水样消耗硫代硫酸钠标准溶液量，mL；

V——水样体积，mL；

c——硫代硫酸钠标准溶液浓度，mol/L；

16.03——硫离子（$1/2S^{2-}$）摩尔质量，g/mol。

（三）间接火焰原子吸收法

1. 方法原理

在水样中加入磷酸，将硫化物转化成硫化氢，用氮气带出，通入含有一定量铜离子的吸收液，则生成硫化铜沉淀，分离沉淀后，用火焰原子吸收法测定上清液中剩余铜离子，对硫化物进行间接测定（图2-15）。火焰原子吸收法测定原理见金属化合物的测定。

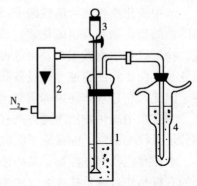

图2-15 硫化物转化吹气装置
1. 反应瓶（装待测水样）；2. 流量计；
3. 加酸漏斗；4. 吸收管

2. 测定要点

（1）配制系列硫化物标准溶液，依次分别注入反应瓶，加磷酸与硫化物反应，同时通入氮气，将生成的硫化氢分别用硝酸铜溶液吸收。将吸收液定容，取部分进行离心分离，取上清液喷入原子吸收分光光度计的火焰，测定对铜空心阴极灯发射的波长为324.7nm光的吸光度，绘制吸光度-硫浓度标准曲线。

（2）取一定体积水样于反应瓶内，按照标准溶液测定步骤，测量水样中铜的吸光度，从标准曲线查得硫的含量，根据水样体积，计算水样中硫的浓度。

该方法适用于各种水样中硫化物的测定。水样基体成分简单时，如地下水、饮用水等，可不用吹气，直接用间接法测定。

（四）气相分子吸收光谱法

在水样中加入磷酸，将硫化物转化为 H_2S 气体，用净化空气载入气相分子吸收光谱仪的吸光管内，测量对 200nm 附近波长光的吸光度，与标准溶液的吸光度比较，确定水样中硫化物浓度。对于基体复杂、干扰组分多的水样，可采用快速沉淀、过滤与吹气分离的双重处理方法去除干扰。

该方法最低检出浓度为 0.005mg/L，测定上限为 10mg/L，适用于各种水样的硫化物测定。

九、酸度和碱度

1. 酸度

酸度是指水中所含能与强碱发生中和作用的物质总量。这类物质包括无机酸、有机酸、强酸弱碱盐等。

地面水中，由于融入二氧化碳或被机械、选矿、电镀、农药、印染、化工等行业排放的含酸废水污染，使水体 pH 降低，破坏了水生生物和农作物的正常生活及生长条件，造成鱼类死亡、作物损害。所以，酸度是衡量水体水质的一项重要指标。[①]

测定酸度的方法有酸碱指示剂滴定法和电位滴定法。

（1）酸碱指示剂滴定法。用标准氢氧化钠溶液滴定水样至一定 pH，根据其所消耗的量计算酸度。随所用指示剂不同，通常分为两种酸度：一是用酚酞作指示剂（其变色 pH 为 8.3），测得的酸度称为总酸度（酚酞酸度），包括强酸和弱酸；二是用甲基橙作指示剂（变色 pH 约为 3.7），测得的酸度称强酸酸度或甲基橙酸度。酸度单位用 mg/L 表示（以 $CaCO_3$ 计）。

（2）电位滴定法。以 pH 玻璃电极为指示电极，甘汞电极为参比电极，与被测水样组成原电池并接入 pH 计，用氢氧化钠标准溶液滴至 pH 计指示 4.5 和 8.3，据其相应消耗的氢氧化钠溶液体积，分别计算两种酸度。

该方法适用于各种水体酸度的测定，不受水样有色、浑浊的限制。测定时应注意温度、搅拌状态、响应时间等因素的影响。取 50mL 水样，可测定 $10\sim1\,000$ mg/L（以 $CaCO_3$ 计）范围内的酸度。

2. 碱度

碱度是指水中所含能与强酸发生中和作用的物质总量，包括强碱、弱碱、强碱弱酸盐等。

天然水中的碱度主要是由重碳酸盐、碳酸盐和氢氧化物引起的，其中重碳酸盐是水中碱度的主要形式。引起碱度的污染源主要是造纸、印染、化工、电镀等行业排放的废水及洗涤剂、化肥和农药在使用过程中的流失。

碱度和酸度是判断水质和废水处理控制的重要指标。碱度也常用于评价水体的缓冲能力及金属在其中的溶解性和毒性等。

测定水中碱度的方法和测定酸度一样，有酸碱指示剂滴定法和电位滴定法。前者是用酸碱指示剂指示滴定终点，后者是用 pH 计指示滴定终点。

水样用标准酸溶液滴定至酚酞指示剂由红色变为无色（pH 为 8.3）时，所测得的碱度称为酚酞碱度，此时 OH^- 已被中和，CO_3^{2-} 被中和为 HCO_3^-；当继续滴定至甲基橙指示剂由橘黄色变为橘红色时（pH 约为 4.4），所测得的碱度称为甲基橙碱度，此时水中的 HCO_3^- 也已被中和完，即全部致碱物质都已被强酸中和完，故又称其为总碱度。

设水样以酚酞为指示剂滴定消耗强酸量为 P，继续以甲基橙为指示剂滴定消耗强酸量为 M，二者之和为 T（图 2 - 16），则测定水的总碱度时，可能出现以下 5 种情况。

---

① 奚旦立，孙裕生，刘秀英 . 环境监测［M］. 北京：高等教育出版社，1987.

（1）$M=0$（或 $P=T$）。水样对酚酞显红色，呈碱性反应。加入强酸使酚酞变为无色后，再加入甲基橙即呈红色，故可以推断水样中只含氢氧化物。

（2）$P>M$（或 $P>\frac{1}{2}T$）。水样对酚酞显红色，呈碱性。加入强酸至酚酞变为无色后，加入甲基橙显橘黄色，继续加酸至变为红色，但消耗量较用酚酞时少，说明水样中有氢氧化物和碳酸盐共存。

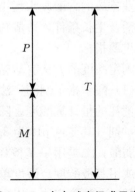

图 2-16　水中碱度组成示意

（3）$P=M$。水样对酚酞显红色，加酸至无色后，加入甲基橙显橘黄色，继续加酸至变为红色，两次消耗酸量相等。因 OH^- 和 HCO_3^- 不能共存，故说明水样中只含碳酸盐。

（4）$P<M$（或 $P<\frac{1}{2}T$）。水样对酚酞显红色，加酸至无色后，加入甲基橙显橘黄色，继续加酸至变为红色，但消耗酸量较用酚酞时多，说明水样中有碳酸盐和重碳酸盐共存。

（5）$P=0$（或 $M=T$）。此时水样对酚酞无色（pH≤8.3），对甲基橙显橘黄色，说明只含重碳酸盐。根据使用两种指示剂滴定所消耗的酸量，可分别计算出水中的各种碱度和总碱度，其单位用 mg/L（以 $CaCO_3$ 或 CaO 计）表示。

第五节　有机化合物的监测

一、总有机碳（TOC）的监测

总有机碳是以碳的含量表示水体中有机物质总量的综合指标。由于 TOC 的监测采用燃烧法，因此能将有机物全部氧化，它比 BOD 或 COD 更能反映有机物的总量。

监测 TOC 的方法见《水质　总有机碳（TOC）的测定　非色散红外线吸收法》（GB/T 13193—91）。其监测原理是：将一定量水样注入高温炉内的石英管，在 900～950℃ 温度下，以铂为催化剂，使有机物燃烧裂解转化为二氧化碳，然后用红外线气体分析仪测 CO_2 的含量，从而确定水样中碳的含量。因为在高温下，水样中的碳酸盐也分解产生二氧化碳，故上面测得的为水样的总碳（TC）。为获得有机碳含量，可采用两种方法：一种方法是将水样预先酸化，通入氮气曝气，驱除各种碳酸盐分解生成的 CO_2 后再注入仪器监测，但由于在曝气过程中会造成水样中挥发性有机物的损失而产生监测误差。因此，其监测结果只是不可吹出的有机碳含量，此为直接法监测 TOC 值。另一种方法是使用高温炉和低温炉皆有的 TOC 监测仪。将同一等量水样分别注入高温炉（900℃）和低温炉（150℃），高温炉水样中的有机碳和无机碳均转化为 CO_2，而低温炉的石英管中装有磷酸浸渍的玻璃棉，能使无机碳酸盐在 150℃ 分解为 CO_2，有机物却不能被分解氧化。将高、低温炉中生成的 CO_2 依次导入非色散红外气体分析仪，分别测得总碳（TC）和无机碳（IC），二者之差即为 TOC。该方法最低检出浓度为 0.5mg/L。

二、矿物油的监测

水中的矿物油来自工业废水和生活污水。工业废水中石油类（各种烃类的混合物）污染物主要来自原油开采、加工及各种炼制油的使用部门。矿物油漂浮在水体表面，影响空气与水体界面间的氧交换；分散于水中的油可被微生物氧化分解，消耗水中的溶解氧，使水质恶化。矿物油中还含有毒性大的芳烃类。

监测矿物油的方法有重量法、非色散红外法、紫外分光光度法等。

（一）重量法

该方法监测原理是以硫酸酸化水样，用石油醚萃取矿物油，然后蒸发除去石油醚，称量残渣重量，计算矿物油含量。

该方法监测的是酸化样品中可被石油醚萃取的且在实验过程中不挥发的物质总量。溶剂去除时，使得轻质油有明显损失。由于石油醚对油有选择地溶解，因此石油中较重成分可能不为溶剂萃取，当然也无从测得。重量法是最常用的方法，它不受油品种的限制，但操作烦琐，受分析天平和烧杯重量的限制，灵敏度较低，只适合测含油量较大的水样。

（二）非色散红外法

该方法是利用石油类物质的甲基（$-CH_3$）、亚甲基（$-CH_2-$）在近红外区（$3.4\mu m$）有特征吸收，作为监测水样中油含量的基础。标准油可采用受污染地点水中石油醚萃取物。根据我国原油组分特点，也可采用混合石油烃作为标准油，其组成为：十六烷：异辛烷：苯＝65：25：10（体积比）。

监测时，先用硫酸将水样酸化，加氯化钠被乳化，再用三氯三氟乙烷萃取，萃取液经无水硫酸钠层过滤、定容，注入红外分析仪监测其含量。测量前按仪器说明书规定调整和校准仪器。

所有含甲基、亚甲基的有机物质都将产生干扰。若水样中有动物、植物油脂以及脂肪酸物质，应预先将其分离。此外，石油中有些较重的组分不溶于三氯三氟乙烷，会致使监测结果偏低。

（三）紫外分光光度法

石油及其产品在紫外区有特征吸收。带有苯环的芳香族化合物的主要吸收波长为 250～260nm；带有共轭双键的化合物主要吸收波长为 215～230nm。一般原油的两个吸收峰波长为 225nm 和 254nm，轻质油及炼油厂的油品可选 225nm。

水样用 H_2SO_4 酸化，加 NaCl 破乳化，然后用石油醚萃取，脱水，定容后监测。标准油用受污染地点水样石油醚萃取物。不同油品特征吸收峰不同，如难以确定监测波长时，可用标准油在 215～300nm 波长处吸收光谱，采用其最大吸收峰的波长。

三、化学需氧量（COD）

化学需氧量是指在一定条件下，氧化 1L 水样中还原性物质所消耗的氧化剂的量，以氧的质量浓度 mg/L 表示。水中还原性物质包括有机物和亚硝酸盐、硫化物、亚铁盐等无机物。化学需氧量反映了水中受还原性物质污染的程度。基于水体被有机物污染是很普遍的现象，该指标也作为有机物相对含量的综合指标之一，但只能反映能被氧化剂氧化的有机物。

测定废（污）水的化学需氧量，我国规定用重铬酸钾法。其他方法还有恒电流库仑滴定法、快速密闭消解滴定法或光度法、氯气校正法等。

（一）重铬酸钾法

在强酸溶液中，用一定量的重铬酸钾氧化水样中的还原性物质，过量的重铬酸钾以试铁灵作指示剂，用硫酸亚铁铵标准溶液回滴，根据其用量计算水样中还原性物质的需氧量。氧化水样中还原性物质使用带 250mL 锥形瓶的全玻璃回流装置（图 2-17）。测定过程如下。

取水样 20mL（原样或经稀释）于锥形瓶中

↓←$HgSO_4$ 0.4g（消除 Cl^- 干扰）

混匀

↓←0.25mol/L（1/6$K_2Cr_2O_7$）100mL

↓←沸石颗粒

混匀，接上回流装置

↓←自冷凝管上口加入 Ag_2SO_4-H_2SO_4 溶液 30mL（催化剂）

混匀

↓

回流加热 2h

↓

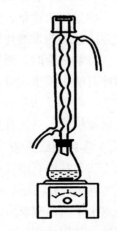

图 2-17　氧化回流装置

冷却

↓自冷凝管上口加入 80mL 水于反应液中

取下锥形瓶

↓←加试铁灵指示剂 3 滴

用 0.1mol/L(NH$_4$)$_2$Fe(SO$_4$)$_2$标准溶液滴定，终点由蓝绿色变成红棕色，记录标准溶液用量。

再以蒸馏水代替水样，按同法测定试剂空白溶液，记录硫酸亚铁铵标准溶液消耗量，COD$_{Cr}$值的计算公式为

$$COD_{Cr}(O_2, mg/L) = \frac{(V_0 - V_1 \times c \times 8 \times 1\,000)}{V}$$

式中，V_0——滴定空白时消耗硫酸亚铁铵标准溶液体积，mL；

　　　V_1——滴定水样消耗硫酸亚铁铵标准溶液体积，mL；

　　　V——水样体积，mL；

　　　c——硫酸亚铁铵标准溶液浓度，mol/L；

　　　8——氧$\left(\frac{1}{2}O\right)$的摩尔质量，g/mol。

重铬酸钾氧化性很强，可将大部分有机物氧化，但吡啶不被氧化，芳香族有机物不易被氧化；挥发性直链脂肪族化合物、苯等存在蒸气相，不能与氧化剂液体接触，氧化不明显。氯离子能被重铬酸钾氧化，并与硫酸银作用生成沉淀，可加入适量硫酸汞络合之。

用 0.25mol/L 的重铬酸钾溶液可测定大于 50mg/L 的 COD 值；用 0.025mol/L 重铬酸钾溶液可测定 5～50mg/L 的 COD 值，但准确度较差。

（二）恒电流库仑滴定法

恒电流库仑滴定法是一种建立在电解基础上的分析方法。其原理为在试液中加入适当物质，以一定强度的恒定电流进行电解，使之在工作电极（阳极或阴极）上电解产生一种试剂（称滴定剂），该试剂与被测物质进行定量反应，反应终点可通过电化学等方法指示。依据电解消耗的电量和法拉第电解定律可计算被测物质的含量。法拉第电解定律的数学表达式为

$$W = \frac{I \times tM}{96500n}$$

式中，W——电极反应物的质量，g；

　　　I——电解电流，A；

　　　t——电解时间，s；

　　　96500——法拉第常数，C；

　　　M——电极反应物的摩尔质量，g；

　　　n——每摩尔电极反应物的电子转移数。

库仑滴定式 COD 测定仪的工作原理如图 2-18 所示，由库仑滴定池、电路系统和电磁搅拌器等组成。库仑滴定池由工作电极对、指示电极对及电解液组成。其中，工作电极对为双铂片工作阴极和铂丝辅助阳极（置于充 3mol/L H_2SO_4，底部具有液络部的玻璃管内），用于电解产生滴定剂；指示电极对为铂片指示电极（正极）和钨棒参比电极（负极，置于充饱和硫酸钾溶液，底部具有液络部的玻璃管中），以其电位的变化指示库仑滴定终点；电解液为 10.2mol/L 硫酸、重铬酸钾和硫酸铁混合液。电路系统由终点微分电路、电解电流变换电路、频率变换积分电路、数字显示逻辑运算电路等组成，用于控制库仑滴定终点，变换和显示电解电流，将电解电流进行频率转换、积分，并根据电解定律进行逻辑运算，直接显示水样的 COD 值。

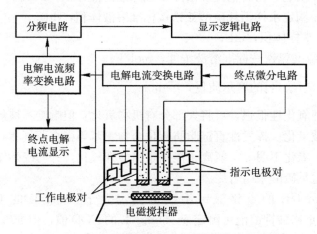

图 2-18　库仑滴定式 COD 测定仪的工作原理

使用库仑滴定式 COD 测定仪测定水样 COD 值的要点是：在空白溶液（蒸馏水加硫酸）和样品溶液（水样加硫酸）中加入同量的重铬酸钾溶液，分别进行回流消解 15min，冷却后各加入等量的硫酸铁溶液，于搅拌状态下进行库仑电解滴定，即 Fe^{3+} 在工作阴极上还原为 Fe^{2+}（滴定剂）去滴定（还原）$Cr_2O_7^{2-}$。库仑滴定空白溶液中 $Cr_2O_7^{2-}$ 得到的结果为加入重铬酸钾的总氧化量（以 O_2 计）；库仑滴定样品溶液中 $Cr_2O_7^{2-}$ 得到的结果为剩余重铬酸钾的氧化量（以 O_2 计）。设前者需电解时间为 t_0，后者需 t_1，则据法拉第电解定律可得

$$W = \frac{I(t_0 - t_1)}{96500} \times \frac{M}{n}$$

式中，W——被测物质的重量，即水样消耗的重铬酸钾相当于氧的克数；

　　I——电解电流；

M——氧的分子量，32；

n——氧的得失电子数，4；

96500——法拉第常数，C。

设水样 COD 值为 ρ_x（mg/L），水样体积为 V（mL），则 $W = \dfrac{V}{1\,000} \times \rho_x$，代入上式，经整理后得

$$\rho_x = \frac{I(t_0 - t_1)}{96500} \times \frac{8\,000}{V}$$

该方法简便、快速、试剂用量少，不需标定滴定溶液，尤其适合于工业废水的控制分析。当用 3mL 0.05mol/L 重铬酸钾溶液进行标定值测定时，最低检出浓度为 3mg/L，测定上限为 100mg/L。但是，只有严格控制消解条件一致和注意经常清洗电极，防止玷污，才能获得较好的重现性。

（三）快速密闭消解滴定法或光度法

该方法是在经典重铬酸钾-硫酸消解体系中加入助催化剂硫酸铝与钼酸铵，于具密封塞的加热管中，放在 165℃ 的恒温加热器内快速消解，消解好的试液用硫酸亚铁铵标准溶液滴定，同时做空白实验。计算方法同重铬酸钾法。若消解后的试液清亮，可于波长 600nm 处用分光光度法测定。

（四）氯气校正法

在水样中加入已知量的重铬酸钾标准溶液及硫酸汞溶液、硫酸银-硫酸溶液，于回流吸收装置的插管式锥瓶中加热至沸并回流 2h，同时从锥瓶插管通入 N_2，将水样中未络合而被氧化的那部分氯离子生成的氯气从回流冷凝管上口导出，用氢氧化钠溶液吸收；消解后的水样按重铬酸钾法测其 COD，为表观 COD；在吸收液中加入碘化钾，调节 pH 为 2~3，以淀粉为指示剂，用硫代硫酸钠标准溶液滴定，将其消耗量换算成消耗氧的质量浓度，即为氯离子影响校正值；表观 COD 与氯离子校正值之差，即为被测水样的实际 COD。

该方法适用于氯离子含量大于 1\,000mg/L，小于 20\,000mg/L 的高氯废水COD 的测定，检出限为 30mg/L。

四、高锰酸盐指数

以高锰酸钾溶液为氧化剂测得的化学需氧量，称高锰酸盐指数，以氧的质量浓度 mg/L 表示。水中的亚硝酸盐、亚铁盐、硫化物等还原性无机物和在此条件下可被氧化的有机物，均可消耗高锰酸钾。因此，该指数常被作为地表水受有机物和还原性无机物污染程度的综合指标。为避免 Cr^{6+} 的二次污染，日本、德国等国家也用高锰酸盐作为氧化剂测定废水的化学需氧量，但相应的排

放标准也偏严。

按测定溶液的介质不同，分为酸性高锰酸钾法和碱性高锰酸钾法。因为在碱性条件下高锰酸钾的氧化能力比酸性条件下稍弱，此时不能氧化水中的氯离子，故常用于测定氯离子浓度较高的水样。

酸性高锰酸钾法适用于氯离子含量不超过 300mg/L 的水样。当高锰酸盐指数超过 10mg/L 时，应少取水样并经稀释后再测定。其测定过程如下。

取水样 100mL（原样或经稀释）于锥形瓶中

$\downarrow\leftarrow$（1＋3）H_2SO_4 5mL

混匀

$\downarrow\leftarrow$ 0.01mol/L 高锰酸钾标准溶液（$\frac{1}{5}KMnO_4$）10mL

沸水浴 30min

$\downarrow\leftarrow$ 0.010 0mol/L 草酸钠标准溶液（$\frac{1}{2}Na_2C_2O_4$）10mL

褪色

$\downarrow\leftarrow$ 0.01mol/L 高锰酸钾标准溶液（$\frac{1}{5}KMnO_4$）回滴

终点微红色

记录高锰酸钾标准溶液消耗量，按以下公式计算高锰酸盐指数。

（1）水样不稀释时。

$$\text{高锰酸盐指数}(O_2,mg/L) = \frac{[(10+V_1)K-10]\times M\times 8\times 1\,000}{100}$$

式中，V_1——滴定水样消耗高锰酸钾标准溶液量，mL；

K——校正系数（每毫升高锰酸钾标准溶液相当于草酸钠标准溶液的毫升数）；

M——草酸钠标准溶液$\left(\frac{1}{5}Na_2C_2O_4\right)$浓度，mol/L；

8——氧$\left(\frac{1}{2}O\right)$的摩尔质量，g/mol；

100——取水样体积，mL。

（2）水样经稀释时。

$$\text{高锰酸盐指数}(O_2,mg/L) = \frac{\{[(10+V_1)K-10]-[(10+V_0)K-10]f\}\times M\times 8\times 1\,000}{V_2}$$

式中，V_0——空白试验中高锰酸钾标准溶液消耗量，mL；

V_1——滴定水样消耗高锰酸钾标准溶液量，mL；

V_2——取原水样体积，mL；

f——稀释水样中含稀释水的比值（如 10mL 水样稀释至 100mL，则 $f=0.90$）。

化学需氧量（COD_{Cr}）和高锰酸盐指数是采用不同的氧化剂在各自的氧化条件下测定的，难以找出明显的相关关系。一般来说，重铬酸钾法的氧化率可达 90%，而高锰酸钾法的氧化率为 50% 左右，二者均未将水样中还原性物质完全氧化，因而都只是一个相对参考数据。

五、生化需氧量（BOD）

（一）五天培养法

五天培养法也称标准稀释法或稀释接种法。其测定原理是：水样经稀释后，在 20℃±1℃ 条件下培养 5 天，求出培养前后水样中溶解氧含量，二者的差值为 BOD_5。如果水样 5 天的生化需氧量未超过 7mg/L，则不必进行稀释，可直接测定。很多较清洁的河水就属于这一类水。溶解氧测定方法一般用叠氮化钠修正法。

对于不含或少含微生物的工业废水，如酸性废水、碱性废水、高温废水或经过氯化处理的废水，在测定 BOD_5 时应进行接种，以引入能降解废水中有机物的微生物。当废水中存在难被一般生活污水中的微生物以正常速度降解的有机物或有剧毒物质时，应将驯化后的微生物引入水样。

对于污染的地面水和大多数工业废水，因含较多的有机物，需要稀释后再培养测定，以保证在培养过程中有充足的溶解氧。其稀释程度应使培养中所消耗的溶解氧大于 2mg/L，而剩余溶解氧在 1mg/L 以上。

稀释水一般用蒸馏水配制，先通入经活性炭吸附及水洗处理的空气，曝气 2～8h，使水中溶解氧接近饱和，然后再在 20℃ 下放置数小时。临用前加入少量氯化钙、氯化铁、硫酸镁等营养盐溶液及磷酸盐缓冲溶液，混匀备用。稀释水的 pH 应为 7.2，BOD_5 应小于 0.2mg/L。

如水样中无微生物，则应于稀释水中接种微生物，即在每升稀释水中加入生活污水上层清液 1～10mL，或表层土壤浸出液 20～30mL，或河水、湖水 10～100mL。这种水称为接种稀释水。为检查接种稀释水的质量及分析人员的操作水平，可将每升含葡萄糖和谷氨酸各 150mg 的标准溶液用接种稀释水按 1：50 稀释比稀释，与水样同步测定 BOD_5，测得值应在 180～230mg/L；否则，应检查原因，予以纠正。

水样稀释倍数可根据实践经验估算。对于地表水，由高锰酸盐指数与一定系数乘积求得（表 2-3）。工业废水的稀释倍数由 COD_{Cr} 值分别乘以系数 0.075、0.15、0.25 获得。通常同时作 3 个稀释比的水样。

表 2-3　由高锰酸盐指数估算稀释倍数乘以的系数

高锰酸盐指数（mg·L^{-1}）	系数
<5	—
5~10	0.2，0.3
10~20	0.4，0.6
>20	0.5，0.7，1.0

测定结果分别按以下公式计算。

（1）对不经稀释直接培养的水样。

$$BOD_5(mg/L) = \rho_1 - \rho_2$$

式中，ρ_1——水样在培养前溶解氧的浓度，mg/L；

ρ_2——水样经 5 天培养后，剩余溶解氧浓度，mg/L。

（2）对稀释后培养的水样。

$$BOD_5(mg/L) = \frac{(\rho_1 - \rho_2) - (B_1 - B_2) \cdot f_1}{f_2}$$

式中，B_1——稀释水（或接种稀释水）在培养前的溶解氧的浓度，mg/L；

B_2——稀释水（或接种稀释水）在培养后的溶解氧的浓度，mg/L；

f_1——稀释水（或接种稀释水）在培养液中所占比例；

f_2——水样在培养液中所占比例。

水样含有铜、铅、镉、铬、砷、氰等有毒物质时，对微生物活性有抑制作用，可使用经驯化微生物接种的稀释水，或提高稀释倍数，以减小毒物的影响。如含少量氯，一般放置 1~2h 可自行消散；对游离氯短时间不能消散的水样，可加入亚硫酸钠除去之，加入量由实验确定。

该方法适用于测定 BOD_5 大于或等于 2mg/L，最大不超过 6 000mg/L 的水样；大于 6 000mg/L，会因稀释带来更大误差。

（二）微生物电极法

微生物电极是一种将微生物技术与电化学检测技术相结合的传感器，主要由溶解氧电极和紧贴其透气膜表面的固定化微生物膜组成（图 2-19）。响应 BOD 物质的原理是：当将其插入恒温、溶解氧浓度一定的不含 BOD 物质的底液时，由于微生物的呼吸活性一定，底液中的溶解氧分子通过微生物膜扩散进入氧电极的速率一定，微生物电极输出一稳态电流；如果将 BOD 物质加入底液中，则该物质的分子与氧分子一起扩散进入微生物膜，因为膜中的微生物对 BOD 物质发生同化作用而耗氧，导致进入氧电极的氧分子减少，即扩散进入的速率降低，使电极输出电流减小，并在几分钟内降至新的稳态值。在适宜的

BOD 物质浓度范围内，电极输出电流降低值与 BOD 物质浓度之间呈线性关系，而 BOD 物质浓度又和 BOD 值之间有定量关系。

微生物膜电极 BOD 测定仪的工作原理如图 2-20 所示。该测定仪由测量池（装有微生物膜电极、鼓气管及被测水样）、恒温水浴、恒电压源、控温器、鼓气泵及信号转换和测量系统组成。恒电压源输出 0.72V 电压，加于 Ag-AgCl 电极（正极）和黄金电极（负极）上。黄金电极因被测溶液 BOD 物质浓度不同产生的极化电流变

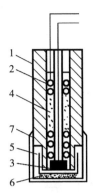

图 2-19　微生物电极结构
1. 塑料管；2. Ag-AgCl 电极；3. 黄金片电极；
4. KCl 内充液；5. 聚四氟乙烯薄膜；
6. 微生物膜；7. 压帽

化送至阻抗转换和微电流放大电路，经放大的微电流再送至 I/V 和 A/D 转换电路，或 I/V 和 V/F 转换电路，然后对转换后的信号进行数字显示或记录仪记录。仪器经用标准 BOD 物质溶液校准后，可直接显示被测溶液的 BOD 值，并在 20min 内完成一个水样的测定。该仪器适用于多种易降解废水的 BOD 监测。

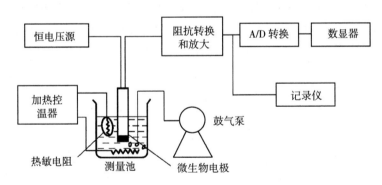

图 2-20　微生物膜电极 BOD 测定仪的工作原理

（三）其他方法

测定 BOD 的方法还有库仑法、测压法、活性污泥曝气降解法等。

库仑法 BOD 测定仪的工作原理（图 2-21）是在恒温条件下，用电磁搅拌器搅拌密闭培养瓶内的水样。当水样中的溶解氧因微生物降解有机物被消耗时，则培养瓶内上部空间的氧溶解进入水样，生成的二氧化碳从水中逸出被置于瓶内上部的 CO_2 吸收剂吸收，使瓶内的氧分压和总气压下降。用电极式压力计检出下降量，并转换成电信号，经放大送入继电器电路接通恒流电源及同

步电机，电解瓶内（装有中性硫酸铜溶液和电解电极）便自动电解产生氧气供给培养瓶，待瓶内气压回升至原压力时，继电器断开，电解电极和同步电机停止工作。此过程反复进行，使培养瓶内空间始终保持恒压状态。根据法拉第定律，由恒电流电解所消耗的电量便可计算耗氧量。仪器能自动显示测定结果，记录生化需氧量曲线。

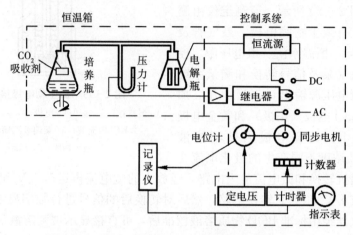

图 2-21　库仑法 BOD 测定仪的工作原理

测压法的原理是：在密闭培养瓶中，水样中溶解氧由于微生物降解有机物而被消耗，产生与耗氧量相当的 CO_2，CO_2 被吸收后，使密闭系统的压力降低，用压力计测出此压降，即可求出水样的 BOD 值。在实际测定中，先以标准葡萄糖-谷氨酸溶液的 BOD 值和相应的压差作关系曲线，然后以此曲线校准仪器刻度，便可直接读出水样的 BOD 值。

六、挥发酚

根据酚类物质能否与水蒸气一起蒸出，分为挥发酚与不挥发酚。通常认为沸点在 230℃ 以下的为挥发酚（属一元酚），而沸点在 230℃ 以上的为不挥发酚。

酚属高毒物质，人体摄入一定量会出现急性中毒症状；长期饮用被酚污染的水，可引起头昏、瘙痒、贫血及神经系统障碍。当水中含酚大于 5mg/L 时，鱼就会中毒死亡。

酚的主要污染源是炼油、焦化、煤气发生站，木材防腐，以及某些化工（如酚醛树脂）等工业废水。

酚的主要分析方法有溴化滴定法、分光光度法、色谱法等。目前，各国普遍采用的是 4-氨基安替比林分光光度法。高浓度含酚废水可采用溴化滴定法。

无论溴化滴定法还是分光光度法，当水样中存在氧化剂、还原剂、油类及某些金属离子时，均应设法消除并进行预蒸馏。如对游离氯加入硫酸亚铁还原；对硫化物加入硫酸铜使之沉淀，或者在酸性条件下使其以硫化氢形式逸出；对油类用有机溶剂萃取除去等。蒸馏的作用有两个：一是分离出挥发酚，二是消除颜色、浑浊和金属离子等的干扰。

（一）4-氨基安替比林分光光度法

酚类化合物于 pH 为 10.0 ± 0.2 的介质中，在铁氰化钾的存在下，与 4-氨基安替比林（4-AAP）反应，生成橙红色的吲哚酚安替比林染料，在 510nm 波长处有最大吸收，用比色法定量。反应式如下。

（4-AAP）　　　　　　　　　　　（吲哚酚安替比林，橙红色）

显色反应受酚环上取代基的种类、位置、数目等影响，如对位被烷基、芳香基、酯、硝基、苯酰、亚硝基或醛基取代，而邻位未被取代的酚类，与 4-氨基安替比林不产生显色反应。这是因为上述基团阻止酚类氧化成醌型结构所致，但对位被卤素、磺酸、羟基或甲氧基所取代的酚类与 4-氨基安替比林发生显色反应。邻位硝基酚和间位硝基酚与 4-氨基安替比林发生的反应又不相同，前者反应无色，后者反应有点颜色。所以该方法测定的酚类不是总酚，而仅仅是与 4-氨基安替比林反应显色的酚，并以苯酚为标准，结果以苯酚计算含量。

用 20mm 比色皿测定时，酚的最低检出浓度为 0.1mg/L。如果显色后用三氯甲烷萃取，于 460nm 波长处测定，其最低检出浓度可达 0.002mg/L，测定上限为 0.12mg/L。此外，在直接光度法中，有色络合物不够稳定，应立即测定；氯仿萃取法有色络合物可稳定 3h。

（二）溴化滴定法

在含过量溴（由溴酸钾和溴化钾产生）的溶液中，酚与溴反应生成三溴酚，并进一步生成溴代三溴酚。剩余的溴与碘化钾作用释放出游离碘。与此同时，溴代三溴酚也与碘化钾反应置换出游离碘。用硫代硫酸钠标准溶液滴定释放出的游离碘，并根据其消耗量，计算出以苯酚计的挥发酚含量。反应式如下。

$$KBrO_3 + 5KBr + 6HCl \longrightarrow 3Br_2 + 6KCl + 3H_2O$$

$$C_6H_5OH + 3Br_2 \longrightarrow C_6H_2Br_3OH + 3HBr$$

$$C_6H_2Br_3OH + Br_2 \longrightarrow C_6H_2Br_3OBr + HBr$$

$$Br_2 + 2KI \longrightarrow 2KBr + I_2$$

$$C_6H_2Br_3OBr + 2KI + 2HCl \longrightarrow C_6H_2Br_3OH + 2KCl + HBr + I_2$$

$$2Na_2S_2O_3 + I_2 \longrightarrow 2NaI + Na_2S_4O_6$$

其结果的计算公式为

$$挥发酚（以苯酚计，mg/L）= \frac{(V_1 - V_2)c \times 15.68 \times 1\,000}{V}$$

式中，V_1——空白（以蒸馏水代替水样，加同体积溴酸钾-溴化钾溶液）试验

        滴定时硫代硫酸钠标准溶液用量，mL；

    V_2——水样滴定时硫代硫酸钠标准溶液用量，mL；

    c——硫代硫酸钠标准溶液的浓度，mol/L；

    V——水样体积，mL；

    15.68——苯酚$\left(\frac{1}{6}C_6H_5OH\right)$摩尔质量，g/mol。

第六节　水环境质量评价

一、水环境质量基准和标准

水环境质量基准可以是一种水质成分的规定派度，也可以是叙述性的说明。如果水质成分未超出规定浓度，将可以保护生物、生物群落。

水质标准是以水质基准为依据，根据社会、经济、技术等因素所制定的限制值，具有法律强制性，且根据实际情况进行不断地修改和补充，同时意味着水域所要达到的或污水排放所要遵循的一项法律条文。一项水质评价标准可以利用水质评价基准作为制定法律规定或实施条例的依据，但是考虑到当地自然条件特征，水域的重要性、经济性，或者生态系统的状况以及水质安全度，水质评价标准可以有别于评价基准。本节就是以江河水质评价为例进行论述。

二、江河水质评价

（一）江河水质评价概述

水质是指水体的物理、化学和生物学的特征和性质。水质评价以水环境监测资料为基础，按照一定的评价标准和评价方法，对水质要素进行定性评价或定量评价，以准确反映水质现状，了解和掌握水体污染影响程度和发展趋势，为水环境保护和水资源规划管理提供科学依据。

江河水质评价是根据不同目的和要求，并按一定的原则和方法进行的。江

河水质评价主要是评价江河的污染程度，划分污染等级，确定污染类型，以便准确指出江河污染程度及将来的发展趋势，为水源保护提供方向性、原则性的方案和依据。

江河水质评价的基本要求是了解河流主要污染物的运动变化规律。因此，在时间上需要掌握不同时期、不同季节污染物的动态变化规律；在空间上要掌握河流不同河段、上游与下游不同部位的环境变化规律以及质量变化的对比性。只有了解和掌握这些基本规律，才能使江河水质评价具有典型性和代表性，才能准确地反映不同江河水质的基本特征。

（二）江河水质评价基本流程

江河水质评价首先要明确评价目的；其次根据评价目的和要求，选择合适的评价参数、评价标准和评价方法，通过调查和监测获得水质数据，对水体水质状况进行评价。江河水质评价大致可分为以下 6 个步骤。

1. 选择评价参数

在明确评价目的后，水质评价参数的选择应遵循以下原则。

（1）针对性原则，即评价参数能反映评价区域的重要水环境问题，满足水质评价目标要求。

（2）适度原则，即以适量的评价参数参与水质评价获得可信的评价结果。

（3）监测技术可行原则，即所设置的评价参数必须是利用现有的技术手段获取的监测数据。

2. 收集与整理监测数据

根据评价目的，进行水质数据收集。数据收集方法有两种：一种是从已有水质监测网络（常规和专门水质监测）的数据库中获取；另一种是组织专门的水质监测。水质监测是经统一取样得到水体物理、化学和生物学特征数据的过程，可分为常规水质监测和专门水质监测。常规水质监测一般对水体进行定点、定时监测，具有长期性和连续性；专门水质监测是为特定目的服务的水质监测，其监测项目与频率视服务对象而定。由于不同水质监测网络在采样方法、采样频率、监测时段、实验室分析方法、数据储存方式等方面存在差异，源自不同水质监测网络（或部门与水质监测单位）的水质数据必须根据评价需要进行数据校勘与整编。

3. 确定评价标准

根据水质评价目标即可以确定水质评价标准。水质评价标准必须以国家颁布的有关水质标准为基础。随着水环境保护事业的发展，我国相继制定颁布了一系列水质标准，为水质评价工作的顺利开展提供了较完备的标准体系。由于水环境问题的复杂性，以及随着经济的发展和科学技术的进步，新的水环境问题也会不断出现，现有评价标准体系中没有包括的水质项目也可能需要进行评价，在进行必要的科学分析对比前提下可参考国外有关水质标准进行。

4. 选择评价方法

水质评价的方法有很多，按选取评价项目的多少可分为单因子评价法和综合评价法。

单因子评价法又称"单指标评价法""一票否决法"。该方法规定分参数取监测值的平均值与《地表水环境质量标准》的标准值比较，比值大于1表明该项水质参数超标，其使用功能不能保证由于单因子评价法采取最差项目赋全权的做法，可以明确指出水质问题的所在，直接了解水质状况与评价标准之间的关系，有利于提出针对性的水环境治理指示。因此，单因子评价法是最普遍使用的评价方法。由于单因子评价方法无法给出水环境质量的综合状况，为了弥补该方法的不足，国内外水质专家提出了各种综合指标评价方法。所谓综合指标评价方法，就是基于数个水质参数计算出的表征水体水质综合状况的一个数值（或分值），这个数值（或分值）被称为水质指数。水质指数将复杂的水质数据转换成公众可以理解和使用的信息，当然它并不能囊括水质的所有内容，已有的水质指数方法均是有目的地选择一些重要的水质指标，给出水体水质状况的简单概貌。

5. 表征评价结果

水质评价结果除列表表述外，还应该提供水质成果图。历次全国地表水水质评价均采用绘制着色水质图的方式表征评价结果。

6. 提出评价结论

根据评价结果，提出评价结论。评价结论一般要求揭示地表水水质时空分布规律，指出水污染重点区域，识别污染项目，分析污染类型与污染程度，结合污染源调查评价，指出污染成因，提出水资源保护对策。

（三）江河水质的评价方法

早期的水质评价方法主要根据水的色、味、嗅、浑浊等感观性状做定性描述，概念比较含糊。随着科技水平的不断提高，人们对水体的物理、化学和生物性状有了较深入的认识，随之发展了多种水环境评价方法。目前，国内外水环境质量评价方法多种多样，各种方法各有特色。在我国水质评价工作中，尽管单因子评价方法也为大家普遍采用，但该方法因为只能进行定性评价，在所依托的评价标准不断修正的情况下，根据单因子方法获得的评价结果几乎很难进行比较，而且由于该方法在水环境总体概念上存在局限，因此备受质疑。基于多个水质指标的综合评价从定量角度期望建立不因水域变化和水质标准变化而破坏水质评价的连续性，但由于提出的指标体系与局部水域水质特点关系密切，而且评价结论不能像单因子方法一样明晰水质问题的所在。

因此，尽管在文献中可以查到大量有关水质综合评价的方法，但真正能推广应用的不多。

1. 单因子评价方法

单因子评价法将各参数浓度代表值与评价标准逐项对比，以单项评价最差项目的类别作为水质类别。单因子评价法是目前使用最多的水质评价法。该方法简单明了，可直接了解水质状况与评价标准之间的关系，给出各评价因子的达标率、超标率和超标倍数等特征值。

2. 综合评价方法

综合评价方法的主要特点是用各种污染物的相对污染指数进行数学上的归纳和统计，得出一个较简单的代表水体污染程度的数值。综合评价法能了解多个水质参数与相应标准之间的综合相对关系，但有时也掩盖了高浓度的影响。

第七节　水污染防治

一、水污染防治的对策

（一）减少耗水量

当前我国水资源浪费很严重。在城市用水总量中，工业用水占80%左右，同工业发达国家相比，我国许多单位产品耗水量要高得多。耗水量大，不仅造成了水资源的浪费，而且造成水污染。城市地区70%的污水来自工业。由于工业废水量大、面广、含污染物多、成分复杂，许多有毒有害的污染物在水体中难以降解，从而加重了对水的污染。因此，必须把减少耗水量作为水污染防治的一项重要政策来执行。[①]

通过企业的技术改造，采用先进的工艺；制定各行业的用水定额，压缩单位产品用水量；一水多用，提高水的重复利用率等，都在实践中被证明是行之有效的防治水污染的措施。积极实现废水资源化，尽可能将污染物消灭在生产工艺过程中，以达到最大限度削减排污量的目的，这是控制水污染的积极途径。例如，对废水经过不同程度的处理以再利用，在城市中建立所谓"中水道"系统，开辟第三水源；处理后的废水根据水质情况回用于农业、工业和城市公共用水。

（二）建立污水处理系统

为了控制水污染的发展，工业企业还必须积极治理水污染，尤其是有毒有害污染物的排放必须单独治理或预处理。随着工业布局、城市布局的调整和城

---

① 李满. 环境保护 [M]. 北京：煤炭工业出版社，2007.

市下水管网的建设与完善，可逐步实现城市污水的集中治理，使城市污水处理与工业废水治理结合起来。

（三）调整工业布局

水体的自然净化能力是有限的，合理的工业布局可以充分利用自然环境的自净能力，变恶性循环为良性循环，起到发展经济、控制污染的作用。在缺水较严重的地区，不再兴建耗水量大的工业企业。对于用水量大、污染严重，又无有效治理措施的工业企业，应采取关、停、并、转的措施。尤其是在城镇生活居住区、水源保护区、名胜古迹、风景游览区、疗养区、自然保护区等，不允许建设污染环境的工业企业。

（四）加强水资源规划管理

水源规划是区域规划、城市规划、工业和农业发展规划的主要组成部分，应与其他规划同时进行。规划前必须切实查清水资源总量及水质状况，如果需用水量超过水源总量时，应采取相应的给水和污水处理措施，并采取蓄水、保水、再生、回用等措施，以弥补供水之不足。

合理开发还必须根据水的供需状况，实行计划供水、定额用水，并将地表水、地下水和污水资源统一开发利用，防止地表水源枯竭、地下水位下降，切实做到合理开发、综合利用、积极保护、科学管理。

对水资源紧缺地区，应制定水资源综合利用开发规划，并通过立法来贯彻执行。此外，划定水资源保护区也是合理开发水源的主要内容。

为了有效地控制水污染，在管理上应从浓度管理逐步过渡到总量控制管理。以前通过污水排放标准控制污水浓度，为减轻水环境污染负荷起到了很大作用，但在经济飞速发展的今天，由于废水排放量大，有些地区即使排放的污水全部达标，水环境污染问题仍未减轻。为改变这种情况，我国将逐步实行对水污染排放的总量控制政策，即通过申报登记，发放排污许可证来实现控制污染物总量的目的。

总而言之，水环境保护必须遵循合理开发、节约使用和防治污染三者并行的方针，使我国水资源在经济建设中发挥更大的作用。

二、废水处理方法

（一）废水处理基本方法

1. 废水的物理处理法

废水的物理处理法是利用物理作用来进行废水处理的方法，主要用于分离去除废水中不溶性的悬浮污染物。在处理的过程中，废水的化学性质不发生改变。主要工艺有筛滤截留、重力分离（自然沉淀和上浮）、离心分离等，使用的处理设备和构筑物有格栅和筛网、沉砂池和沉淀池、气浮装置、离心机、旋流分离器等。[①]

（1）格栅与筛网。筛滤是去除废水中粗大的悬浮物和杂物，以保护后续处理设施能正常运行的一种预处理方法。筛滤的构件包括平行的棒、条、金属网、格网或穿孔板。由平行的棒和条构成的筛滤的构件称为格栅；由金属丝织物或穿孔板构成的筛滤的构件称为筛网。格栅去除的是那些可能堵塞水泵机组以及管道阀门的较粗大的悬浮物，而筛网去除的是用格栅难以去除的呈悬浮状态的细小纤维。

（2）沉淀法与上浮法。沉淀法与上浮法是利用水中悬浮颗粒与水的密度差进行分离的基本方法。当悬浮物的密度大于水时，在重力作用下，悬浮物下沉形成沉淀物；当悬浮物的密度小于水时，则上浮至水面形成浮渣，可通过收集沉淀物和浮渣使水得到净化。

沉淀法可以去除水中的沙砾、化学沉淀物、混凝处理所形成的絮体和生物处理的污泥，也可用于沉淀淤泥的浓缩。上浮法主要用于分离水中轻质悬浮物，如油、苯等；也可以先让悬浮物黏附在气泡上，使其形成密度小于水的浮体，然后再用上浮法去除。

（3）离心分离法。离心分离法是利用悬浮物与水的密度不同，借用离心设备在离心力作用下，使悬浮物与水分离。离心力与悬浮物的质量成正比，与转速的平方成正比。而转速在一定范围内是可以调节的，所以能获得很好的分离效果，分离效果远远超过重力分离法。

离心设备有水力旋流器、旋流沉淀池、离心机等。一般离心法多用于去除轧钢废水中的氧化铁屑、回收洗毛废水中的羊毛脂以及污泥的脱水等。

2. 废水的化学处理法

（1）中和法。中和法是利用化学方法使酸性废水或碱性废水中和达到中性的方法。在中和处理中首先遵循"以废治废"的原则，利用酸性废水和碱性废水互相中和或利用酸（碱）性物质中和碱（酸）性废水。如用烟道气在喷淋塔中中和碱性废水；然后考虑投药中和，向酸性废水投加石灰、电石渣、石灰石、苛性钠和碳酸钠，向碱性废水中投加工业用酸（如硫酸和盐酸）。

（2）混凝法。混凝法是通过向废水中投入一定量的混凝剂，使废水中难以自然沉淀的胶体状污染物和一部分细小悬浮物经脱稳、凝聚、架桥等反应过程，形成具有一定大小的絮凝体，在后续沉淀池中沉淀分离，从而使胶体状污染物得以与废水分离的方法。

（3）化学沉淀法。化学沉淀法是向水中投加某些化学药剂，使之与水中溶解性物质发生化学反应，生成难溶化合物，然后通过沉淀或气浮加以分离的方

---

① 李满．环境保护［M］．北京：煤炭工业出版社，2007．

法。这种方法可在给水处理中去除钙、镁硬度，在废水处理中去除重金属（如 Hg、Zn、Cd、Cr、Pb、Cu 等）和某些非金属（如 As、F 等）离子态污染物。

（4）氧化还原处理法。化学氧化还原是转化废水中污染物的有效方法。废水中呈溶解状态的无机物和有机物通过化学反应被氧化或还原为微毒、无毒的物质，或者转化成容易与水分离的形态，从而达到处理的目的。按照污染物的净化原理，氧化还原处理法包括药剂法、电化学法（电解）和光化学法 3 大类。

（5）吸附法。吸附法是采用多孔性的固体吸附剂，利用同一液相界面上的物质传递，使废水中的污染物转移到固体吸附剂上，从而使之从废水中分离去除的方法。固体表面的分子或原子因受力不均衡而具有剩余的表面能，当某些物质碰撞固体表面时，受到这些不平衡力的吸引而停留在固体表面上，这就是吸附。这里的固体被称为吸附剂，被固体吸附的物质称为吸附质。吸附的结果是吸附质在吸附剂上浓集，吸附剂的表面能降低。

（6）离子交换法。离子交换法是一种借助于离子交换剂上的离子和水中的离子进行交换反应而去除水中有害离子的方法。该方法在工业用水处理中占有极其重要的位置，主要用以制取软水或纯水；而在工业废水处理中，主要用以回收贵重金属离子，也用于放射性废水和有机废水的处理。

（7）膜分离法。膜分离法是利用特殊的薄膜对液体中的某些成分进行选择性透过的方法的统称。可使溶液中一种或几种成分不能透过而其他成分能透过的膜，称为半透膜。溶液透过膜的过程称为渗析。常用的膜分离方法有电渗析、反渗透、超滤等。

3. 废水的生物处理法

在自然界中，栖息着巨量的微生物，这些微生物具有氧化分解有机物并将其转化成稳定无机物的能力。废水的生物处理法就是利用微生物的这一功能，采用一定的人工措施，营造出有利于微生物生长、繁殖的环境，使微生物大量繁殖，提高微生物氧化、分解有机物的能力，从而使废水中的有机污染物得以净化的方法。

根据采用的微生物的呼吸特性，生物处理可分为好氧生物处理和厌氧生物处理两大类。根据微生物的生长状态，废水的生物处理法又可分为悬浮生长型（如活性污泥法）和附着生长型（如生物膜法）。

好氧生物处理是利用好氧微生物在有氧环境下，将废水中的有机物分解成二氧化碳和水的处理技术。好氧生物处理效率高，使用广泛，是废水生物处理中的主要方法。好氧生物处理的工艺有很多，包括活性污泥法、生物滤池、生物转盘、生物接触氧化等。

厌氧生物处理是利用兼性厌氧菌和专性厌氧菌在无氧条件下降解有机污染物的处理技术，最终产物为甲烷和二氧化碳等。该方法多用于处理有机污泥、高浓度有机工业废水，如啤酒废水、屠宰场废水等；也可用于低浓度城市污水的处理。污泥厌氧处理构筑物多采用消化池。近些年，我国开发出了一系列新型高效的厌氧处理构筑物，如升流式厌氧污泥床、厌氧流化床、厌氧滤池等。

自然生物处理法即利用在自然条件下生长、繁殖的微生物处理废水的技术。其主要特征是工艺简单、建设与运行费用都较低，但净化功能易受到自然条件的制约。其主要处理技术有稳定塘和土地处理法。

（二）废水处理工艺流程

现代废水处理技术按处理程度划分，可分为预处理、一级处理、二级处理、三级处理（图2-22）。

1. 预处理

预处理的主要工艺包括格栅、沉砂，用于去除城市污水中的粗大悬浮物和比重大的无机沙砾，以保护后续处理设施正常运行并减轻负荷。

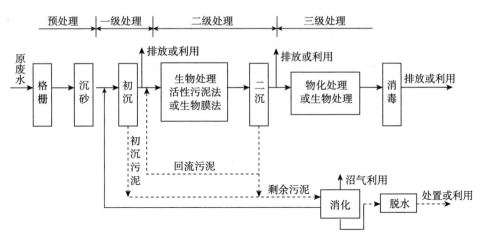

图2-22 城市废水的一般处理工艺流程

2. 一级处理

一级处理主要去除废水中悬浮固体和漂浮物质，以便排入受纳水体或二级处理装置。其主要包括筛滤、沉淀等物理处理方法。经过一级处理后，废水的BOD一般只去除了30%左右，还是达不到排放标准，仍需进行二级处理。

3. 二级处理

二级处理主要去除废水中呈胶体和溶解状态的有机污染物。其主要采用各种生物处理方法，BOD去除率可达90%以上，处理水可以达标排放。

4. 三级处理

三级处理是在一级、二级处理的基础上，对难降解的有机物、磷、氮等营养物质进行进一步处理。其采用的方法可能有混凝、过滤、离子交换、反渗透、超滤、消毒等。

由于工业废水水质成分复杂，且随行业、生产工艺流程、原料的变化而变化，故没有通用的工艺流程。因此，要根据所要处理的工业废水的水量、水质和处理程度要求，选取适宜的单元技术和工艺流程。

大气和废气监测及防护

大气中的有害物质是多种多样的，因此不同地区的污染类型和排放污染种类也会有很大差异性。所以，在进行大气质量监测评价时，要根据各地的实际情况来确定需要监测的大气环境指标。

第一节　大气和废气监测方案制订

一、大气废气监测目的

首先，通过对环境空气中主要污染物进行定期或连续的监测，判断空气质量是否符合《环境空气质量标准》环境规划目标的要求，为空气质量状况评价提供依据。

其次，研究空气质量的变化规律和发展趋势，为开展空气污染的预测预报，以及研究污染物迁移转化情况提供基础资料。

最后，为政府环境保护部门执行环境保护法规、开展空气质量管理及修订空气质量标准提供依据和基础资料。[①]

二、调研及资料收集

（一）污染源分布及排放情况

通过调查，了解监测区域内的污染源类型、数量、位置、排放的主要污染物及排放量情况，同时还应了解所用原料、燃料及其消耗量。注意将高烟囱排放的较大污染源与低烟囱排放的小污染源区别开来。由于小污染源的排放高度低，对周围地区地面空气中污染物浓度影响要比高烟囱排放源大。另外，对于交通运输污染较重和有石油化工企业的地区，应区别一次污染物和由光化学反应产生的二次污染物。因为二次污染物是在空气中形成的，其高浓度处可能离污染源的位置较远，在布设监测点时应对这种情况加以考虑。

（二）气象资料收集

污染物在空气中的扩散、迁移和一系列的物理、化学变化在很大程度上取决于当时当地的气象条件。因此，要收集监测区域的风向、风速、气温、气

---

① 黄功跃. 环境监测与环境管理［M］. 昆明：云南科技出版社，2017.

压、降水量、日照时间、相对湿度、温度垂直梯度和逆温层底部高度等气象资料。

（三）地形资料收集

地形会对当地的风向、风速和大气稳定度等有影响，因此它是设置监测网点应当考虑的重要因素。例如，工业区建在河谷地区时，出现逆温层的可能性大；位于丘陵地区的城市，市区内空气污染物的浓度梯度会相当大；位于海边的城市会受海风、陆风的影响；而位于山区的城市会受山谷风的影响等。为掌握污染物的实际分布状况，监测区域的地形越复杂，要求布设的监测点越多。

（四）土地利用和功能区划

监测区域内土地利用及功能区划情况也是设置监测网点应考虑的重要因素之一。不同功能区的污染状况是不同的，如工业区、商业区、混合区、居民区等。还可以按照建筑物的密度、有无绿化地带等做进一步分类。

（五）人口分布及健康情况

环境保护的目的是维护自然环境的生态平衡、保护人体健康。因此，掌握监测区域的人口分布、居民和动植物受空气污染的危害情况及流行性疾病等资料，对制订监测方案、分析判断监测结果是有一定帮助的。

此外，对于监测区域以往的监测资料等也应尽量收集，供制订监测方案时参考。

三、监测项目

空气中的污染物种类繁多，应根据《环境空气质量标准》规定的污染物项目来确定监测项目。对于国家空气质量监测网的监测点，须开展必测项目的监测（表3-1）；对于国家空气质量监测网的背景点及区域环境空气质量监测网的对照点，还应开展部分或全部选测项目的监测。地方空气质量监测网的监测点，可根据各地环境管理工作的实际需要及具体情况，参照本条规定确定其必测项目和选测项目。

表3-1 空气污染必测和选测项目

必测项目	选测项目
二氧化硫（SO_2）	总悬浮颗粒物（TSP）
二氧化氮（NO_2）	铅（Pb）
可吸入颗粒物（PM10）	氟化物（F）
一氧化碳（CO）	苯并[a]芘（B[a]P）
臭氧（O_3）	有毒有害有机物

四、监测站（点）和采样点的布设

（一）功能区布点法

功能区布点法多用于区域性常规监测。先将监测区域划分为工业区、商业区、居民区、工业和居民混合区、交通稠密区、清洁区等，再根据具体污染情况和人力、物力条件，在各功能区设置一定数量的采样点。各功能区的采样点数量不要求平均，在污染源集中的工业区和人口较密集的居民区多设采样点。

（二）网格布点法

这种布点法是将监测区域划分成若干个均匀网状方格，采样点设在两条直线的交点处或网格中心。网格大小根据污染源强度、人口分布及人力、物力条件等确定。若主导风向明显，下风向设采样点应多一些，一般约占采样点总数的 60%。对于有多个污染源且污染源分布较均匀的地区，常采用这种布点方法。它能较好地反映污染物的空间分布。如将网格划分得足够小，则可将监测结果绘制成污染物浓度空间分布图，对指导城市环境规划和管理具有重要意义。

五、采样频率和采样时间

采样频率是指在一个时段内的采样次数，采样时间是指每次采样从开始到结束所经历的时间。二者要根据监测目的、污染物分布特征、分析方法灵敏度等因素确定。例如，为监测空气质量的长期变化趋势，连续或间歇自动采样测定为最佳方式；突发性环境污染事故等的应急监测要求快速测定，采样时间尽量短；对于一级环境影响评价项目，要求不得少于夏季和冬季两期监测，每期应取得有代表性的 7d 监测数据，每天采样监测不少于 6 次（2:00、7:00、10:00、14:00、16:00、19:00）。

六、采样、监测方法和质量保证

采集空气样品的方法和仪器要根据空气中污染物的存在状态、浓度、物理化学性质及所用监测方法选择，在各种污染物的监测方法中都规定了相应的采样方法。

和水质监测一样，为获得准确和具有可比性的监测结果，应采用规范化的监测方法。目前，监测空气污染物应用最多的方法还是分光光度法和气相色谱法，其次是荧光光谱法、液相色谱法、原子吸收分光光度法等。但是，随着分析技术的发展，对一些含量低、难分离、危害大的有机污染物，越来越多地采用仪器联用方法进行测定，如气相色谱-质谱（GC-MS）、液相色谱-质谱（IC-MS）、气相色谱-傅里叶变换红外光谱（GC-FTIR）等联用技术。

第二节　采集方式与采集仪器

一、采集方法

气体采样方法的选择与污染物在气体中存在的状态密切相关。气体中的污染物从形态上分为气态和颗粒态两种。推荐的采样方法有24h连续采样、间断采样和无动力采样。以气态或气溶胶态两种形态存在的半挥发性有机物（SVOCs）通常进行主动采样。[①]

（一）24h连续采样

24h连续采样指24h连续采集一个空气样品，监测污染物日平均浓度的采样方式，适用于环境空气中的 SO_2、NO_2、PM10、PM2.5、TSP、苯并 [a] 芘、氟化物和铅等的采样。

1. 气态污染物采样

气态污染物连续采样设备一般需要设立采样亭，便于安放采样系统各组件。采样亭的面积及其空间大小应视合理安放采样装置、便于采样操作而定。一般面积应不小于 $5m^2$，采样亭墙体应具有良好的保温和防火性能，室内温度应维持在（25 ± 5）℃。

气态污染物采样系统由采样头、采样总管、采样支管、引风机、气体样品吸收装置及采样器等组成。采样总管和采样支管应定期清洗，周期由当地空气湿度、污染状况确定。采样前进行气密性、采样流量、温度控制系统及时间控制系统检查。

（1）采样流量检查。用经过检定合格的流量计校验采样系统的采样流量，每月至少1次，每月流量误差应小于5％，若误差超过此值，应清洗限流孔或更换新的限流孔。限流孔清洗或更换后，应对其进行流量校准。

（2）温度控制系统及时间控制系统检查。检查吸收瓶温控槽及临界限流孔，温控槽的温度指示是否符合要求；检查计时器的计时误差是否超出误差范围。

（3）主要采样过程。将装有吸收液的吸收瓶（内装50mL吸收液）连接到采样系统中。启动采样器，进行采样。记录采样流量、开始采样时间、温度和压力等参数。

采样结束后，取下样品，并将吸收瓶进、出口密封，记录采样结束时间、采样流量、温度和压力等参数。

2. 颗粒物连续采样

颗粒物监测的采样系统由颗粒物切割器、滤膜、滤膜夹和颗粒物采样器组

---

① 黄功跃. 环境监测与环境管理 [M]. 昆明：云南科技出版社，2017.

成，或者由滤膜、滤膜夹和具有符合切割特性要求的采样器组成。采样前采样器要进行流量校准。

采样过程为：打开采样头顶盖，取出滤膜夹，用清洁干布擦掉采样头内滤膜夹及滤膜支持网表面上的灰尘，将采样滤膜毛面向上平放在滤膜支持网上。同时核查滤膜编号，放上滤膜夹，拧紧螺丝，以不漏气为宜，安好采样头顶盖，启动采样器进行采样。记录采样流量、开始采样时间、温度和压力等参数。

采样结束后，取下滤膜夹，用镊子轻轻夹住滤膜边缘，取下样品滤膜，并检查在采样过程中滤膜是否有破裂现象，或滤膜上灰尘的边缘轮廓是否有不清晰的现象。若有，则该样品膜作废，需重新采样确认无破裂后，将滤膜的采样面向里对折两次放入与样品膜编号相同的滤膜袋（盒）中。记录采样结束时间、采样流量、温度和压力等参数。

（二）间断采样

间断采样是指在某一时段或一小时内采集一个环境空气样品，监测该时段或该小时环境空气中污染物的平均浓度所采用的采样方法。

气态污染物间断采样系统由气样捕集装置、滤水井和气体采样器组成。

根据环境空气中气态污染物的理化特性及其监测分析方法的检测限，可采用相应的气样捕集装置，通常采用的气样捕集装置包括装有吸收液的多孔玻璃筛板吸收瓶（管）、气泡式吸收瓶（管）、冲击式吸收瓶、装有吸附剂的采样支管、聚乙烯或铝箔袋、采气瓶、低温冷缩管及注射器等。当多孔玻璃筛板吸收瓶装有 10mL 吸收液，采样流量为 0.5L/min 时，阻力应为（4.7±0.7）kPa，且采样时多孔玻璃筛板上的气泡应分布均匀。

采样前应根据所监测项目及采样时间，准备使用气样捕集装置或采样器。按要求连接采样系统，并检查连接是否正确。检查采样系统是否有漏气现象，若有，应及时排除或更换新的装置。启动抽气泵，将采样器流量计的指示流量调节至所需采样流量。用经检定合格的标准流量计对采样器流量计进行校准。

采样程序为：将气样捕集装置串联到采样系统中，核对样品编号，并将采样流量调至所需的采样流量，开始采样。记录采样流量、开始采样时间、气样温度、压力等参数。气样温度和压力可分别用温度计和气压表进行同步现场测量。

采样结束后，取下样品，将气体捕集装置进、出气口密封，记录采样流量、采样结束时间、气样温度、压力等参数。按相应项目的标准监测分析方法要求运送和保存待测样品。

颗粒物的间断采样与其连续采样的方法基本一致。

（三）无动力采样

无动力采样是指将采样装置或气样捕集介质暴露于环境空气中，不需要抽气动力，依靠环境空气中待测污染物分子的自然扩散、迁移、沉降等作用而直接采集污染物的采样方式。其监测结果可代表一段时间内待测环境空气污染物的时间加权平均浓度或浓度变化趋势。

污染物无动力采样时间及采样频次，应根据监测点位环境空气中污染物的浓度水平、分析方法的检出限及不同监测日来确定。通常，硫酸盐化速率及氟化物采样时间为 7～30d。但要获得月平均浓度值，样品的采样时间应不少于15d。具体采样过程可参见具体污染物的采样分析方法标准。

二、采样仪器

将收集器、流量计、采样动力及气样预处理、流量调节、自动定时控制等部件组装在一起，就构成了专用采样器。市面上有多种型号的商品空气采样器出售，按其用途可分为空气采样器、颗粒物采样器和个体采样器。

（一）空气采样器

空气采样器用于采集空气中气态和蒸气态物质，采样流量为 0.5～2.0L/min，一般可用交流、直流两种电源供电。

（二）颗粒物采样器

颗粒物采样器有总悬浮颗粒物（TSP）采样器和可吸入颗粒物（PM10）采样器。

1. 总悬浮颗粒物采样器

这种采样器按其采气流量大小分为大流量、中流量和小流量三种类型。

大流量采样器由滤料采样夹、抽气风机、流量控制器、流量记录仪、工作计时器及其程序控制器、壳体等组成。滤料采样夹可安装 20cm×25cm 的玻璃纤维滤膜，以 1.1～1.7m^3/min 流量采样 8～24h。当采气量达 1 500～2 000m^3时，样品滤膜可用于测定颗粒物中的金属、无机盐及有机污染物等组分。

中流量采样器由采样夹、流量计、采样管及采样泵等组成。这种采样器的工作原理与大流量采样器相似，只是采样夹面积和采样流量比大流量采样器小。我国规定采样夹有效直径为 80mm 或 100mm。当用有效直径 80mm 的滤膜采样时，采气流量控制在 7.2～9.6m^3/h；当用有效直径 100mm 的滤膜采样时，采气流量控制在 11.3～15m^3/h。

2. 可吸入颗粒物采样器

采集可吸入颗粒物（PM10）广泛使用大流量采样器。在连续自动监测仪器中，可采用静电捕集法、β射线吸收法或光散射法直接测定 PM10 浓度。但无论哪种采样器，都装有分离粒径大于 10μm 颗粒物的装置（称为分尘器或切割器），分尘器有旋风式、向心式、撞击式等多种。它们又分为二级式和多级式。前者用于采集粒径 $10\mu m$ 以下的颗粒物，后者可分级采集不同粒径的颗粒物，用于测定颗粒物的粒度分布。

二级旋风式分尘器的工作原理为：高速空气沿 $180°$ 渐开线进入分尘器的圆筒体，形成旋转气流，在惯性离心力的作用下，将颗粒物甩到筒壁上并继续向下运动，粗颗粒物在不断与筒壁碰撞中失去前进的能量而落入大颗粒物收集器内，细颗粒物随气流沿气体排出管上升，被过滤器的滤膜捕集，从而将粗、细颗粒物分开。

向心式分尘器的工作原理为：当气流从气流喷孔高速喷出时，因所携带的颗粒物质量大小不同，惯性也不同，颗粒物质量越大惯性越大。不同粒径的颗粒物各有一定的运动轨迹，其中质量较大的颗粒物运动轨迹接近中心轴线，最后进入锥形收集器被底部的滤膜收集；质量较小的颗粒物惯性小，离中心轴线较远，偏离锥形收集器入口，随气流进入下一级。第二级的气流喷孔直径和锥形收集器的入口孔径变小，二者之间距离缩短，使小一些的颗粒物被收集。第三级的气流喷孔直径和锥形收集器的入口孔径又比第二级小，其间距离更短，所收集的颗粒物更细。如此经过多级分离，剩下的极细颗粒物到达最底部，被夹持的滤膜收集。

撞击式分尘器的工作原理为：当含颗粒物的气体以一定速度由喷孔喷出后，颗粒物获得一定的动能并具有一定的惯性。在同一喷射速度下，粒径（质量）越大，惯性越大，因此气流从第一级喷孔喷出后，惯性大的大颗粒物难以改变运动方向，与第一级捕集板碰撞被沉积下来，而惯性较小的小颗粒物则随气流绕过第一级捕集板进入第二级喷孔。因第二级喷孔较第一级小，故喷出颗粒物动能增加，速度增大，其中惯性较大的颗粒物与第二级捕集板碰撞而沉积，而惯性较小的颗粒物继续向下一级运动。如此一级一级地进行下去，则气流中的颗粒物由大到小地被分开，沉积在各级捕集板上，最后一级捕集板用玻璃纤维滤膜代替，以便捕集更小的颗粒物。以此制成的采样器可以设计为三级到六级，也有到八级的，称为多级撞击式采样器。单喷孔多级撞击式采样器采样面积有限，不宜长时间连续采样，否则会因捕集板上堆积颗粒物过多而造成损失。多喷孔多级撞击式采样器捕集面积大，其中应用较为普遍的一种称为安德森采样器，由八级组成，每级有 $200\sim400$ 个喷孔，最后一级也是用玻璃纤维滤膜代替捕集板捕集小颗粒物。安德森采样器捕集颗粒物的粒径范围为 $0.34\sim11\mu m$。

可吸入颗粒物采样器必须用标准粒子发生器制备的标准粒子进行校准，要求在一定采样流量时，采样器的捕集效率在 50% 以上，截留点的粒径（D50）为 (10 ± 1) μm。

（三）个体采样器

个体采样器主要用于研究空气污染物对人体健康的危害。其特点是体积小、质量小，佩戴在人体上可以随人的活动连续地采样，反映人体实际吸入的污染物量。扩散法采样剂量器由外壳、扩散层和收集剂三部分组成，其工作原理是空气通过剂量器外壳通气孔进入扩散层，收集组分分子也随之通过扩散层到达收集剂表面被吸附或吸收。收集剂为吸附剂、化学试剂浸渍的惰性颗粒物质或滤膜，如用吗啉浸渍的滤膜可采集大气中的 SO_2 等。渗透法采样剂量器由外壳、渗透膜和收集剂组成。渗透膜为有机合成薄膜，如硅酮膜等。收集剂一般用吸收液或固体吸附剂，装在具有渗透膜的盒内，气体分子通过渗透膜到达收集剂被收集，如空气中的 H_2S 通过二甲基硅酮膜渗透到含有乙二胺四乙酸二钠的 0.2mol/L 的氢氧化钠溶液中而被吸收。

第三节　大气环境质量的监测

一、颗粒物的测定

大气颗粒物是指悬浮在大气中的固态或液态颗粒物，根据其粒径大小，分为总悬浮颗粒物（total suspended particulate，TSP，空气动力学当量直径小于或等于100μm）、可吸入颗粒物（PM10，空气动力学当量直径小于或等于10μm）和细颗粒物（PM2.5，空气动力学当量直径小于或等于2.5μm）。近年来，随着我国社会经济的快速发展，多个地区接连出现以颗粒物（PM10 和PM2.5）为特征污染物的灰霾天气，大气颗粒物已成为长期影响我国环境空气质量的首要污染物。一般可将颗粒物排放源分为固定燃烧源、生物质开放燃烧源、工业工艺过程源和移动源。颗粒物是大气污染物中数量最大、成分复杂、性质多样、危害较大的常规监测项目。它本身可以是有毒物质，还可以是其他有害物质在大气中的运载体、催化剂或反应床。在某些情况下，颗粒物质与所吸附的气态或蒸气态物质结合，会产生比单个组分更大的协同毒性作用。因此，对颗粒物质的研究是控制大气污染的一个重要内容。

大气中颗粒物质的检测项目有可吸入颗粒物（PM10）、细颗粒物（PM2.5）和总悬浮颗粒物（TSP）等。[①]

（一）PM10 和 PM2.5 的测定

测定 PM10 和 PM2.5 的手工监测方法主要为重量法；PM10 和 PM2.5连续监测系统所配置监测仪器的测量方法一般为微量振荡天平法和 β 射线法。

---

① 黄功跃．环境监测与环境管理［M］．昆明：云南科技出版社，2017.

1. 重量法

PM2.5 和 PM10 重量法的原理为：分别通过具有一定切割特性的采样器，以恒速抽取定量体积的空气，使环境空气中的 PM2.5 和 PM10 被截留在已知质量的滤膜上，根据采样前后滤膜的质量差和采样体积，计算出 PM2.5 和 PM10 的浓度。

PM2.5 或 PM10 采样器由采样入口、PM10 或 PM2.5 切割器、滤膜夹、连接杆、流量测量及控制装置、抽气泵等组成。采样器通过流量测量及控制装置来控制抽气泵以恒定流量（工作点流量）抽取环境空气，环境空气样品以恒定的流量依次经过采样入口、PM10 或 PM2.5 切割器，颗粒物被捕集在滤膜上，气体经流量计、抽气泵由排气口排出。采样器实时测量流量计计前压力、计前温度、环境大气压、环境温度等参数对采样流量进行控制。

工作点流量是指采样器在工作环境条件下，采样流量保持定值，并能保证切割器切割特性的流量。对 PM10 或 PM2.5 采样器的工作点流量不做必须要求，一般大、中、小流量采样器的工作点流量分别为 $1.05\text{m}^3/\text{min}$、$100\text{L/min}$、$16.67\text{L/min}$。

PM10 切割器和采样系统的技术指标为：切割粒径 $D_{a50}=(10\pm0.5)$ μm；捕集效率的几何标准差为 $\sigma_g=(1.5\pm0.1)$ μm。PM2.5 切割器和采样系统的技术指标为：切割粒径 $D_{a50}=(2.5\pm0.2)$ μm；捕集效率的几何标准差为 $\sigma_g=(1.2\pm0.1)$ μm。D_{a50} 表示 50% 切割粒径，是指切割器对颗粒物的捕集效率为 50% 时所对应的粒子空气动力学当量直径。捕集效率的几何标准差表达为捕集效率为 16% 时对应的粒子空气动力学当量直径与捕集效率 50% 时对应的粒子空气动力学当量直径的比值。

切割器应定期清洗，一般累计采样 168h 应清洗一次；如遇扬尘、沙尘暴等恶劣天气，应增加清洗频次。

2. 微量振荡天平法

微量振荡天平法是在质量传感器内使用一个振荡空心锥形管，在其振荡端安装可更换的滤膜，振荡频率取决于锥形管的特征和质量。当采样气流通过滤膜，其中的颗粒物沉积在滤膜上，滤膜的质量变化导致振荡频率的变化，通过振荡频率变化计算出沉积在滤膜上颗粒物的质量，再根据流量、现场环境温度和气压计算出该时段 PM10 和 PM2.5 颗粒物的浓度。

3. β 射线法

β 射线法是利用 β 射线衰减的原理，环境空气由采样泵吸入采样管，经过滤膜后排出，颗粒物沉积在滤膜上，当 β 射线通过沉积着颗粒物的滤膜时，β 射线的能量衰减，通过对衰减量的测定便可计算出 PM10 和 PM2.5 颗粒物的浓度。

（二）TSP 的测定

TSP 可分为一次颗粒物和二次颗粒物。一次颗粒物是由天然污染源和人为污染源释放到大气中直接造成污染的物质，如风扬起的灰尘、燃烧和工业烟尘；二次颗粒物则是通过某些大气化学过程所产生的微粒，如二氧化硫转化生成硫酸盐。将具有切割特性的采样器以恒速抽取定量体积的空气，空气中悬浮颗粒物被截留在已恒重的滤膜上。根据采样前、后滤膜质量之差及采样体积，计算总悬浮颗粒物的浓度，其计算公式为

$$TSP\ 含量(mg/m^3) = \frac{KW}{Q_N t}$$

式中，W——截留在滤膜上的悬浮颗粒物总质量，mg；

t——累计采样时间，min；

Q_N——采样器平均抽气流量，m^3/min；

K——常数，大流量采样器 $K=1\times10^6$，中流量采样器 $K=1\times10^9$。

该方法适用于大流量或中流量总悬浮颗粒物采样器（简称采样器）进行空气中总悬浮颗粒物的测定，但不适用于总悬浮颗粒物含量过高或雾天采样使滤膜阻力大于 10kPa 时的情况。该方法的检测下限为 0.001mg/m³。当对滤膜经选择性预处理后，可进行相关组分分析。

当两台总悬浮颗粒物采样器安放位置相距不大于 4m、不少于 2m 时，同样采样测定总悬浮颗粒物的含量，相对偏差不大于 15%。

二、气态污染物的测定

大气中的含硫污染物主要有 H_2S、SO_2、SO_3、CS_2、H_2SO_4 和各种硫酸盐，主要来源于煤和石油燃料的燃烧、含硫矿石的冶炼、硫酸等化工产品生产排放的废气。

（一）SO_2 的测定

SO_2 是主要空气污染物之一，为例行监测的必测项目。它来源于煤和石油等燃料的燃烧、含硫矿石的冶炼、硫酸等化工产品生产排放的废气。SO_2 是一种无色、易溶于水、有刺激性气味的气体，能通过呼吸进入气管，对局部组织产生刺激和腐蚀作用，是诱发支气管炎等疾病的原因之一。特别是当它与烟尘等气溶胶共存时，可加重对呼吸道黏膜的损害。

测定空气中 SO_2 常用的方法有分光光度法、紫外荧光法、电导法、恒定电流库仑滴定法和气相色谱法。其中，紫外荧光法和电导法主要用于自动监测。

（二）氮氧化物的测定

空气中的氮氧化物以一氧化氮、二氧化氮、三氧化二氮、四氧化二氮、五氧化二氮等多种形态存在，其中一氧化氮和二氧化氮是主要存在形态，也就是

通常所指的氮氧化物（NO_x）。它们主要来源于化石燃料高温燃烧和硝酸、化肥等生产工业排放的废气，以及汽车尾气。

NO 为无色、无臭、微溶于水的气体，在空气中易被氧化成 NO_2。NO_2 为红棕色具有强烈刺激性气味的气体，毒性比 NO 高 4 倍，是引起支气管炎、肺损害等疾病的有害物质。空气中 NO、NO_2 常用的测定方法有盐酸萘乙二胺分光光度法、化学发光分析法及原电池库仑滴定法。

（三）CO 的测定

一氧化碳（CO）是空气中的主要污染物之一，主要来自石油、煤炭燃烧不充分的产物和汽车尾气；一些自然现象如火山爆发、森林火灾等也是 CO 的来源之一。

CO 是一种无色、无味的有毒气体，燃烧时呈淡蓝色火焰。它容易与人体血液中的血红蛋白结合，形成碳氧血红蛋白，使血液输送氧的能力降低，造成缺氧症。中毒较轻时，会出现头晕、疲倦、恶心、呕吐等症状；中毒严重时，则会发生心悸、昏迷、窒息，甚至造成死亡。

测定空气中 CO 的方法有非色散红外吸收法、气相色谱法、定电位电解法、汞置换法等。其中，非色散红外吸收法常用于自动监测。

（四）臭氧（O_3）的测定

O_3 是最强的氧化剂之一，它是空气中的氧在太阳紫外线的照射下或在闪电的作用下形成的。臭氧具有强烈的刺激性，在紫外线的作用下，参与烃类和 NO_x 的光化学反应。同时，臭氧又是高空大气的正常组分，能强烈吸收紫外线，保护人和其他生物免受太阳紫外线的辐射。但是，当 O_3 超过一定浓度，对人体和某些植物生长会产生一定危害。近地面空气中可测到 $0.04 \sim 0.1mg/m^3$ 的 O_3。

目前，测定空气中 O_3 广泛采用的方法有硼酸碘化钾分光光度法、靛蓝二磺酸钠分光光度法、化学发光分析法和紫外线吸收法。其中，化学发光分析法和紫外线吸收法多用于自动监测。

（五）氟化物的测定

空气中的气态氟化物主要是氟化氢，也可能有少量氟化硅（SiF_4）和氟化碳（CF_4）。含氟粉尘主要是冰晶石（Na_3AlF_6）、萤石（CaF_2）、氟化铝（AlF_3）、氟化钠（NaF）及磷灰石 $[3Ca_3(PO_4)_2 \cdot CaF_2]$ 等。氟化物污染主要来源于铝厂、冰晶石和磷肥厂，用硫酸处理萤石及制造和使用氟化物、氢氟酸等部门排放或逸散的气体和粉尘。氟化物属高毒类物质，由呼吸道进入人体，刺激黏膜，引起中毒等症状，并且能影响各组织和器官的正常生理功能。由于氟化物对植物的生长也会产生危害，因此人们已利用某些敏感植物来监测空气中的氟化物。

测定空气中氟化物的方法有分光光度法、离子选择电极法等。离子选择电极法具有简便、准确、灵敏和选择性好等优点，是目前广泛采用的方法。

(六) 其他污染物质的测定

空气中气态和蒸气态污染物质是多种多样的，由于不同地区排放污染物质的种类不尽相同，因此评价环境空气质量时，往往还需要测定其他污染组分。这里简要介绍 4 种有机污染物的测定。

1. 苯系物的测定

苯系物包括苯、甲苯、乙苯、邻二甲苯、对二甲苯、间二甲苯等，可经富集采样、解吸，用气相色谱法测定。常用活性炭吸附或低温冷凝法采样，三硫化碳洗脱或热解吸后进样，经 PEG-6000 柱分离，用火焰离子化检测器检测。根据保留时间定性，根据峰高（或峰面积）利用标准曲线法定量。

2. 挥发酚的测定

常用气相色谱法或 4-氨基安替比林分光光度法测定空气中的挥发酚（苯酚、甲酚、二甲酚等）。

气相色谱法测定挥发酚用 GDX-502 采样管吸附采样，用三氯甲烷解吸，经液晶 PBOB 色谱柱分离，用火焰离子化检测器检测，根据保留时间定性，按照峰高（或峰面积）利用标准曲线法定量。

4-氨基安替比林分光光度法用装有碱性溶液的吸收瓶采样，经水蒸气蒸馏除去干扰物，馏出液中的酚在铁氰化钾存在条件下，与 4-氨基安替比林反应，生成红色的安替比林染料，于 460nm 处测其吸光度，以标准曲线法定量。当酚浓度低时，可用三氯甲烷萃取安替比林染料后测定。

3. 甲基对硫磷和敌百虫的测定

甲基对硫磷（甲基 1605）是我国曾广泛应用的杀虫剂，属高毒物质。常用的测定方法有气相色谱法、盐酸萘乙二胺分光光度法，后者干扰因素较多。

气相色谱法用硅胶吸附管采样，用丙酮洗脱，经 DC550 和 OV-210/chromosorb WHP 色谱柱分离，用火焰光度检测器测定，以峰高（或峰面积）标准曲线法定量。也可以用酸洗 101 白色担体采样管采样，乙酸乙酯洗脱，经 OV-17 shimalite WAW DMCS 柱分离，用火焰离子化检测器测定。

敌百虫的化学名称为 O,O-二甲基-（2,2,2-三氯-1-羟基乙基）磷酸酯，是一种低毒有机磷杀虫剂，常用硫氰酸汞分光光度法测定。测定原理为：用内装乙醇溶液的多孔筛板汲取管采样，在采样后的汲取液中加入碱溶液，使敌百虫水解，游离出氯离子；再在高氯酸、高氯酸铁和硫氰酸汞存在的条件下，使氯离子与硫氰酸汞反应，置换出硫氰酸根离子，并与铁离子反应生成橙红色的硫氰酸铁，于 470nm 波长处用分光光度法间接测定敌百虫浓度。空气中的氯化氢、颗粒物中的氯化物及水解后生成氯离子的其他有机氯化合物干扰测定，可另测定在中性水溶液中不经水解的样品中氯离子的含量，再从水解样品测得的总氯离子含量中扣除。

4. 二噁英类的测定

二噁英类是多氯代二苯并-对-二噁英（PCDDs）和多氯代二苯并呋喃（PCDFs）的统称，共有 210 种同类物。二噁英类是一类非常稳定的亲脂性化合物，其分解温度大于 700℃，极难溶于水，可溶于大部分有机溶剂，因此二噁英类容易在生物体内积累。作为环境内分泌干扰物，二噁英类不仅可以引起免疫系统损伤和生殖障碍，还被认为具有很强的致癌性。

二噁英类的测定是利用滤膜和吸附材料对环境空气或废气中的二噁英类进行采样，采集的样品加入 ^{13}C 标记或 ^{37}Cl 标记化合物作为内标物，分别对滤膜和吸附材料进行提取得到样品提取液，再经过净化和浓缩转化为最终分析样品溶液，用高分辨气相色谱-高分辨质谱（HRGC-HRMS）法进行定性和定量分析。

三、空气颗粒物中铅的测定

空气中铅的来源分为自然来源和非自然来源。自然来源指地壳侵蚀、火山爆发、海啸等将地壳中的铅释放到大气中；非自然来源主要指来自工业、交通方面的铅排放。研究认为，非自然来源是铅污染的主要来源，并以含铅汽油燃烧的排铅量为最高，是全球环境铅污染的主要因素。

进入空气中的铅大部分颗粒直径为 $0.5\mu m$ 或更小，因此可以长时间地飘在空气中。如果人体接触高浓度的含铅气体，就会引起严重的急性中毒症状，但这种状况比较少见。常见的是长期吸入低浓度的含铅气体，引起慢性中毒症状，如头昏、头痛、全身无力、失眠、记忆力减退等神经系统综合征。铅还有高度的潜在致癌性，其潜伏期长达 20～30 年。

测定大气颗粒物中铅的方法有火焰原子吸收分光光度法、石墨炉原子吸收分光光度法和电感耦合等离子体质谱法。

（一）火焰原子吸收分光光度法

该方法的基本原理为：用玻璃纤维滤膜采集的试样，经硝酸-过氧化氢溶液浸出制备成试样溶液，并直接吸入空气-乙炔火焰中原子化，在 283.3nm 处测量基态原子对空心阴极灯特征辐射的吸收。在一定条件下，吸光度与待测样中的 Pb 浓度成正比，根据标准曲线法定量。

当采样体积为 50m³ 进行测定时，最低检出浓度为 $5\times10^{-4}mg/m^3$。

（二）石墨炉原子吸收分光光度法

该方法的基本原理为：用乙酸纤维或过氯乙烯等滤膜采集环境空气中的颗粒物样品，经消解后制备成试样溶液，用石墨炉原子吸收分光光度计测定试样中铅的浓度。

该方法检出限为 $0.05\mu g/50mL$ 试样溶液。

（三）电感耦合等离子体质谱法

电感耦合等离子体质谱法（ICP-MS）适用于环境空气 PM2.5、PM10、TSP 以及无组织排放和污染源废气颗粒物中铅等多种金属元素的测定。其方法及原理为：使用滤膜采集环境空气中的颗粒物，使用滤筒采集污染源废气中的颗粒物，采集的样品经预处理（微波消解或电热板消解）后，利用电感耦合等离子体质谱仪测定各金属元素的含量。

当空气采样量为 $150m^3$（标准状态），污染源废气采样量为 $0.600m^3$（标准状态干烟气）时，该方法检出限分别为 $0.6\mu g/m^3$ 和 $0.2\mu g/m^3$。

四、大气中苯并［a］芘的测定

（一）液相色谱法

液相色谱法的基本原理为：将采集在玻璃纤维滤膜上的颗粒物中的苯并［a］芘（简称 BaP）及一切有机溶剂可溶物，用环己烷在水浴上以索氏提取器连续加热提取。提取液注入高效液相色谱，通过色谱柱的 BaP 与其他化合物分离，然后用荧光检测器对其进行定量测定。

该方法用大流量采样器（流量为 $1.13m^3/min$）连续采集 24h，乙腈/水作流动相，最低检出浓度为 $6\times10^{-5}\mu g/m^3$；甲醇/水作流动相，最低检出浓度为 $1.8\times10^{-4}\mu g/m^3$。

（二）乙酰化滤纸层析

其方法基本原理为：苯并［a］芘易溶于咖啡因水溶液、环己烷、苯等有机溶剂中。将采集在玻璃纤维滤膜上的颗粒物的 BaP 及一切有机溶剂可溶物，用环己烷在水浴上以索氏提取器连续加热提取后进行浓缩，并用乙酰化滤纸层析分离。BaP 斑点用丙酮洗脱后，用荧光分光光度法定量测定，测定发射波长为 402nm、405nm 和 408nm 的荧光强度。用窄基线法计算出标准苯并［a］芘和样品中苯并［a］芘的相对荧光强度 F，再由下式计算出空气颗粒物中苯并［a］芘的含量：

$$F = \frac{F_{402nm} + F_{408nm}}{2}$$

$$c = \frac{F}{F_s} \times W_s \times \frac{K}{V_n} \times 100$$

式中，F——样品洗脱液相对荧光强度；

F_s——标准 BaP 洗脱液相对荧光强度；

c——环境空气可吸入颗粒物中 BaP 的浓度，$\mu g/100m^3$；

V_n——标准状态下的采样体积，m³；

W_s——标准 BaP 的点样量，μg；

K——环己烷提取液总体积与浓缩时所取的环己烷提取液的体积比。

该方法的检测下限为 $0.001\mu g/5mL$；当采样体积为 40m³ 时，最低检出浓度为 $0.002\mu g/100m^3$。

第四节　废气污染源的监测

一、固定污染源的监测

（一）监测目的和要求

监测目的为检查排放的废气中有害物质的含量是否符合国家或地方的排放标准和总量控制标准；评价净化装置及污染防治设施的性能和运行情况，为空气质量评价和管理提供依据。[①]

进行监测时，要求生产设备处于正常运转状态下，对因生产过程引发排放情况变化的污染源，应根据其变化特点和周期进行系统监测。

监测内容包括废气排放量、污染物质排放浓度及排放速率（质量流量，kg/h）。

在计算废气排放量和污染物质排放浓度时，都使用标准状况下的干气体体积。

（二）采样点的布设

1. 采样位置

采样位置应选在气流分布均匀稳定的平直管段上，避开弯头、变径管、三通管及阀门等易产生涡流的阻力构件。一般原则是按照废气流向，将采样断面设在阻力构件下游方向大于 6 倍管道直径处或上游方向大于 3 倍管道直径处。对于矩形烟道，其等效直径 $D=2AB/(A+B)$，其中 A、B 为断面边长。即使客观条件难以满足要求，采样断面与阻力构件的距离也不应小于管道直径的 1.5 倍，并适当增加采样点数目和采样频率。采样断面气流流速最好在 5m/s 以下。此外，由于水平管道中的气流流速与污染物的浓度分布不如垂直管道中均匀，所以应优先考虑垂直管道。还要考虑方便、安全等因素。

2. 采样点数目

（1）圆形烟道。在选定的采样断面上设两个相互垂直的采样孔，将烟道断面分成一定数量的同心等面积圆环，沿着两个采样孔中心线设 4 个采样点。若采样断面上气流流速较均匀，可设一个采样孔，采样点数减半。当烟道直径小

---

① 黄功跃．环境监测与环境管理［M］．昆明：云南科技出版社，2017．

于0.3m，且气流流速均匀时，可在烟道中心设一个采样点。不同直径圆形烟道的等面积圆环数、测量直径数及采样点数不同，原则上采样点应不超过20个。

（2）矩形烟道。将烟道断面分成一定数目的等面积矩形小块，各小块中心即为采样点位置。矩形小块的数目可根据烟道断面面积，按照表3-2所列数据确定。

表3-2　矩形烟道的分块和采样点数

烟道断面面积/m²	等面积矩形小块的边长/m	采样点数/个
<0.1	<0.32	1
0.1～0.5	<0.35	1～4
0.5～1.0	<0.50	4～6
1.0～4.0	<0.67	6～9
4.0～9.0	<0.75	9～16
>9.0	≤1.0	16～20

当水平烟道内积灰时，应从总断面面积中扣除积灰断面面积，按有效面积设置采样点。

在能满足测压管和采样管到达各采样点位置的情况下，尽可能地少开采样孔，一般开两个互成90°的采样孔。采样孔内径应不小于80mm，采样孔管长应不大于50mm。对正压下输送的高温或有毒废气的烟道应采用带有闸板阀的密封采样孔。

（三）烟气参数的测定

1. 烟气温度的测定

在采样孔或采样点的位置测定排气温度，一般情况下可在靠近烟道中心的一点测定。测定仪器如下。

（1）水银玻璃温度计。其精确度应不低于2.5%，最小分度值应不大于2℃。

（2）热电偶或电阻温度计。其示值误差不大于±3℃。

测定步骤为：将温度测量单元插入烟道中测点处，封闭测孔，待温度计读数稳定后读数。使用玻璃温度计时，注意不可将温度计抽出烟道外读数。

2. 烟气含湿量的测定

（1）干湿球法。烟气以一定的速度流经干、湿球温度计，根据干、湿球温度计的读数和测点处的烟气绝对压力，来确定烟气的含湿量。

（2）冷凝法。抽取一定体积的烟气，使之通过冷凝器，根据冷凝出来的水量加上从冷凝器排出的饱和气体含有的水蒸气量，来确定烟气的含湿量。

（3）重量法。从烟道中抽取一定体积的烟气，使之通过装有吸湿剂的吸湿管，烟气中的水汽被吸湿剂吸收，吸湿管的增重即为已知体积烟气中含有的水汽量。常用的吸湿剂有氯化钙、氧化钙、硅胶、氧化铝、五氧化二磷和过氯酸镁等。在选用吸湿剂时，应注意选择只吸收烟气中的水汽而不吸收其他气体的吸湿剂。

3. 烟气中气体成分的测定

烟气中 CO、CO_2、O_2 等气体成分可采用奥氏气体分析仪法和仪器分析方法测定。然而，奥氏气体分析仪适合测定含量较高的组分。当烟气成分含量较低时，可用仪器分析法测定。例如，可用电化学法、热磁式氧分析仪法或氧化锆氧分析仪法测定 O_2，用红外线气体分析仪或热导式分析仪测定 CO_2 等。

4. 流速和流量的测定

（1）测量仪器。

①标准型皮托管。标准型皮托管是一个弯成 90° 的双层同心圆管，前端呈半圆形，正前方有一个开孔，与内管相通，用来测定全压。在距前端 6 倍直径处外管壁上开有一圈孔径为 1mm 的小孔，通至后端的侧出口，用来测定排气静压。按照上述尺寸制作的皮托管的修正系数 K_p 为 0.99 ± 0.01。标准型皮托管的测孔很小，当烟道内颗粒物浓度大时，易被堵塞。它适用于测量较清洁的排气。

②S 形皮托管。S 形皮托管由两根相同的金属管并联组成。测量端有方向相反的两个开口，测量时，面向气流的开口测得的压力为全压，背向气流的开口测得的压力小于静压。此 S 形皮托管的修正系数 K_p 为 0.84 ± 0.01。制作尺寸与上述要求有差别的 S 形皮托管的修正系数需要进行校正，其正反方向的修正系数相差应不大于 0.01。S 形皮托管的测压孔开口较大，不易被颗粒物堵塞，且便于在厚壁烟道中使用。

③其他仪器。U 形压力计用于测定排气的全压和静压，其最小分度值应不大于 10Pa。斜管微压计用于测定排气的动压，其精确度应不低于 2%，其最小分度值应不大于 2Pa。大气压力计的最小分度值应不大于 0.1Pa。流速测定仪由皮托管、温度传感器、压力传感器、控制电路及显示屏组成，可以自动测定烟道断面各测点的排气温度、动压、静压及环境大气压，从而根据测得的参数自动计算出各点的流速。

（2）测定步骤。

①准备工作。将微压计调整至水平位置，检查微压计液柱中是否有气泡，然后分别检查微压计和皮托管是否漏气。

②测量气流的动压。将微压计的液面调整至零点，在皮托管上标出各测点应该插入皮托管的位置，将皮托管插入采样孔。在各测点上，使皮托管的全压测孔正对着气流方向，其偏差不得超过10°，测出各测点的动压，分别记录下来。重复测定一次，取平均值。测定完毕后，要注意检查微压计的液面是否回到原点。

③测量排气的静压。使用S形皮托管时只用其一路测压管，其出口端用胶管与U形压力计一端相连，将S形皮托管插到烟道近中心处的测点，使其测量端开口平面平行于气流方向，所测得的压力即为静压。

④测量排气温度，并使用大气压力计测量大气压力。

（3）计算。

①烟气流速计算。测点气流速度 V_s 的计算公式为

$$V_s = K_p \times \sqrt{\frac{2P_d}{P_s}} = 128.9 K_p \times \sqrt{\frac{(273 + t_s) P_d}{M_s (B_a + P_s)}}$$

烟道某一断面的平均流速 $\overline{V}_s$ 可根据断面上各测点测出的流速计算，其公式为

$$\overline{V}_s = \frac{\sum\limits_{i=1}^{n} V_{si}}{n} = 128.9 K_p \times \sqrt{\frac{273 + t_s}{M_s (B_a + P_s)}} \times \frac{\sum\limits_{i=1}^{n} \sqrt{P_{di}}}{n}$$

当干排气成分与空气近似时，排气的露点温度在 35~55℃，排气的绝对压力在 97~103kPa 时，V_s 和 $\overline{V}_s$ 的计算公式分别为

$$V_s = 0.076 K_p \sqrt{273 + t_s} \times \sqrt{P_d}$$

$$\overline{V}_s = 0.076 K_p \sqrt{273 + t_s} \times \frac{\sum\limits_{i=1}^{n} \sqrt{P_{di}}}{n}$$

对于接近常温常压条件下（$t = 20℃$，$B_a + P_s = 101\ 325\mathrm{Pa}$），通风管道的空气流速 V_a 和平均流速 $\overline{V}_a$ 的计算公式分别为

$$V_a = 1.29 K_p \sqrt{P_d}$$

$$\overline{V}_a = 1.29 K_p \frac{\sum\limits_{i=1}^{n} \sqrt{P_{di}}}{n}$$

式中，V_s——湿排气的气体流速，m/s；

V_a——常温常压下通风管道的空气流速，m/s；

B_a——大气压力，Pa；

K_p——皮托管修正系数；

P_d——烟气动压，Pa；

P_s——烟气静压，Pa；

M_s——湿排气的摩尔质量，g/mol；

t_s——排气温度，℃；

P_{di}——某一测点的动压，Pa；

n——测点的数目。

②烟气流量计算。烟气流量等于测点烟道横断面积乘以烟气平均流速，计算公式为

$$Q_S = \overline{V}_s S \times 3\ 600$$

式中，Q_s——烟气流量，m³/h；

S——测定点烟道横断面积，m²。

标准状态下干烟气流量的计算公式为

$$Q_{snd} = Q_s \times (1 - X_{sw}) \frac{B_a + P_s}{101\ 325} \times \frac{273}{273 + t_s}$$

式中，Q_{snd}——标准状态下干烟气的流量，m³/h；

X_{sw}——排气中水分的体积分数，％。

二、流动污染源的监测

(一) 排气中污染物的测定

汽车排气中污染物含量与其运转工况（怠速、加速、定速、减速）有关。因为怠速法试验工况简单，可使用已有的汽车排气污染物测试设备测定 CO、CO_2、HC 和 O_2，故应用广泛。

1. 怠速与高怠速工况条件

怠速工况是指发动机无负载运转状态，即发动机运转，离合器处于接合位置，油门踏板与手油门处于松开位置，变速器处于空挡位置（对于自动变速箱的车应处于"停车"或"P"挡位）；采用化油器的供油系统，其阻风门处于全开位置；油门踏板处于完全松开的位置。

高怠速工况是指满足上述（除最后一项）条件，用油门踏板将发动机转速稳定控制在 50％额定转速或制造厂技术文件中规定的高怠速转速时的工况。

2. 污染物的测定

对于汽车双怠速法排气污染物的测定，目前可采用非色散红外吸收法（NDIR）测定 CO、CO_2、HC，采用电化学电池法测定 O_2。测定时，首先将发动机由怠速工况加速至 70％额定转速，并维持 30s 后降至高怠速工况，然后将取样探头插入排气管中，深度不少于 400mm，并固定在排气管上。维持 15s 后，由具有平均值计算功能的仪器在 30s 内读取平均值，或者人工读取最高值和最低值，其平均值即为高怠速污染物测量结果。发动机从高怠速工况降

至怠速工况 15s 后，在 30s 内读取平均值即为怠速污染物测量结果。

（二）汽油车排气中氮氧化物的测定

在汽车尾气排气管处用取样管将废气引出（用采样泵），经冰浴（冷凝除水）、玻璃棉过滤器（除油、尘），抽取到 100mL 注射器中，然后将抽取的气样经三氧化铬—石英砂氧化管注入无水乙酸、对氨基苯磺酸、盐酸萘乙二胺吸收液显色，显色后用分光光度法测定，测定方法与空气中 NO_x 的测定方法相同。还可以用化学发光 NO_x 监测仪测定。

（三）柴油车排气烟度的测定

由汽车柴油机或柴油车排出的黑烟含多种颗粒物，其组分复杂，但主要是炭的聚合体（占 85％以上），它往往吸附有 SO_2 及多环芳烃等有害物质。为防止黑烟对环境的污染，国家在《柴油车自由加速烟度排放标准》和《汽车柴油机全负荷烟度排放标准》中规定了最高允许排放烟度值。

柴油车排气烟度常用滤纸式烟度计测定，以波许烟度单位（Rb）或滤纸烟度单位（FSN）表示。

1. 测定原理

用一台活塞式抽气泵在规定的时间内从柴油车排气管中抽取一定体积的排气，让其通过一定面积的白色滤纸，则排气中的炭粒被阻留附着在滤纸上，将滤纸染黑，其烟度与滤纸被染黑的强度有关。用光电测量装置测量洁白滤纸和染黑滤纸对同强度入射光的反射光强度，依据下式确定排气的烟度（以波许烟度单位表示）。规定洁白滤纸的烟度为零，全黑滤纸的烟度为 10。

$$S_F = 10 \times \left(1 - \frac{I}{I_0}\right)$$

式中，S_F——排气烟度，Rb；

$\qquad I$——染黑滤纸的反射光强度；

$\qquad I_0$——洁白滤纸的反射光强度。

由于滤纸的质量会直接影响烟度的测定结果，所以要求滤纸洁白，纤维及微孔均匀，机械强度和通气性良好，以保证烟气中的炭粒能均匀分布在滤纸上，提高测定精度。

2. 滤纸式烟度计

滤纸式烟度计由取样探头、抽气装置及光电检测系统组成。其整体工作原理为：当抽气泵活塞受脚踏开关的控制而上行时，排气管中的排气依次通过取样探头、取样软管及一定面积的滤纸被抽入抽气泵，排气中的黑烟被阻留在滤纸上，然后用步进电机（或手控）将已抽取黑烟的滤纸送到光电检测系统测量，由指示电表直接指示烟度值。规程中要求按照一定时间间隔测量 3 次，取其平均值。

烟度计的光电检测系统的工作过程为：采集排气后的滤纸经光源照射，其中一部分被滤纸上的炭粒吸收；另一部分被滤纸反射至环形硒光电池，产生相应的光电流，送入测量仪表测量。指示电表刻度盘上已按烟度单位标明刻度。

使用烟度计时，应在取样前用压缩空气清扫取样管路，用烟度卡或其他方法标定刻度。

第五节　大气环境质量评价与废气污染源达标评价

一、大气环境质量评价

描述和反映大气环境质量现状既可以从化学的角度，也可以从生物学、物理学和卫生学的角度，它们都从各自角度说明了大气环境质量的好坏。由于我们最终要保护的是人，以人群效应来检验大气质量好坏的卫生学评价更科学、更合理一些。但这种方法难以定量化，所以目前应用最普遍的是监测评价。

（一）大气污染的形成机理及影响分析

污染源向大气环境排放污染物是形成大气污染的根源。污染物质进入大气环境后，在风和湍流的作用下向外输送扩散，当大气中污染物积累到一定程度之后，就改变了原始大气的化学组成和物理性状，对人类生产、生活甚至人群健康构成威胁，这就是大气污染。

从大气污染的形成看，造成大气污染一方面是因为存在着大气污染源；另一方面，还和大气的运动，即风和湍流有关。影响污染物地面浓度分布的因素主要包括污染源的特性和决定大气运动状况的气象条件与地形条件。

1. 源的形态

大气污染源分为点源、面源和线源，点源又分高架源和地面源。不同类型的源污染能力不同，在同样的气象条件下形成的地面浓度也不同。线源和面源的污染能力比点源大，地面源的污染能力比高架源大。因而，在其他条件相同时，线源和面源造成的地面浓度比点源大，地面源形成的浓度也比高架源大。

2. 源强

源强是污染源单位时间内排放污染物的量，即排放率。显然，源强越大，形成的地面浓度就越大；反之，地面浓度就越小。

3. 源排放规律

源的排放规律是指源的排放特点是间断排放还是连续排放；间断排放的规

律是什么；连续排放是均匀排放还是非均匀排放，若是非均匀排放，排放量随时间变化的规律是什么。所有这些源的排放特点均和污染物的浓度分布有密切的关系。污染物的浓度往往随着排放的变化而变化。

4. 大气的稀释扩散能力

大气作为污染物质的载体，自身的运动状况决定了对污染物的稀释扩散能力，从而也就决定了污染物的地面浓度分布。影响大气运动状态的因素有地形条件和气象条件，而地形和气象条件往往决定了流场特性、风的结构、大气温度结构等，显然，这些因素都将直接影响污染物的地面浓度分布。

（二）评价工作程序

大气环境质量现状评价工作可分为 4 个阶段：调查准备阶段、污染监测阶段、评价分析阶段和成果应用阶段。

1. 调查准备阶段

根据评价任务的要求，结合本地区的具体条件，确定评价范围。在大气污染源调查和气象条件分析的基础上，拟定该地区的主要大气污染源和污染物以及发生重污染的气象条件，据此制订大气环境监测计划，并做好人员组织和器材准备。

2. 污染监测阶段

有条件的地方应配合同步气象观测，以便为建立大气质量模式积累基础资料，大气污染监测应按年度分季节定区、定点、定时地进行。为了分析评价大气污染的生态效应，为大气污染分级提供依据，最好在大气污染监测时，同时进行大气污染生物学和环境卫生学监测，以便从不同角度来评价大气环境质量，使评价结果更全面科学。

3. 评价分析阶段

评价就是运用大气质量指数对大气污染程度进行描述，分析大气环境质量的时空变化规律，并根据大气污染的生物监测和大气污染环境卫生学监测进行大气污染的分级。此外，还要分析大气污染的成因、主要大气污染因子、重污染发生的条件以及大气污染对人和动植物的影响。

4. 成果应用阶段

根据评价结果，提出综合防治大气污染的对策，如改变燃料构成、调整能源结构、调整工业布局等。

（三）大气污染监测评价

1. 评价因子的选择

选择评价因子的依据是：本地区大气污染源评价的结果、大气例行监测的结果，以及生态和人群健康的环境效应。凡是主要大气污染物，大气例行监测浓度较高以及对生态及人群健康已经有所影响的污染物，均应被选为污染监测的评价因子。

目前，我国各地大气污染监测评价的评价因子包括 4 类：尘（降尘、飘尘、悬浮微粒等）、有害气体（二氧化硫、氮氧化物、一氧化碳、臭氧等）、有害元素（氟、铅、汞、镉、砷等）和有机物（苯并 [a] 芘、总烃等）。评价因子的选择因评价区污染源构成和评价目的而异。进行某个地区的大气环境质量评价时，可根据该区大气污染源的特点和评价目的从上述因子中选择几项，不宜过多。

2. 评价标准的选择

大气环境质量评价标准的选择主要考虑评价地区的社会功能和对大气环境质量的要求，评价时可以分别采用一级、二级或三级质量标准。对于标准中没有规定的污染物，可参照国外相应的标准。有时，也可选择本地区的本底值、对照值、背景值作为评价对比的依据，但这往往受到地区的限制而使评价结果不能相互比较。

3. 监测

（1）布点。监测布点的方法有网格布点法、放射状布点法、功能分区布点法和扇形布点法等，具体应用时可根据人力、物力条件及监测点条件的限制灵活运用。一般来说，布点要遵循以下原则：①最好设置对照点。②点的设置考虑大气污染源的分布和地形、气象条件，即在污染源密集区和污染源密集区的下风侧，要适当增加监测点，争取做到 $1 \sim 4km^2$ 内有一个监测点；而在污染源稀少和评价区的边缘则可以少布一些点，争取做到 $4 \sim 10km^2$ 内有一个监测点。③布的点必须能控制住要评价的区域范围，要保持一定的数量和密度。④要有大气监测布点图。

（2）采样、分析方法。可采用监测规范中规定的条文和分析方法。

（3）监测频率。一年分四季，以 1 月、4 月、7 月、10 月代表冬、春、夏、秋季。每个季节采样 7 天，一日数次，每次采 $20 \sim 40min$；以一日内几次的平均值代表日平均值，以 7 天的平均值代表季日平均值。

（4）同步气象观测。大气污染程度与气象条件有密切的关系。要准确地分析、比较大气污染监测的结果，一定要结合气象条件来说明。要充分利用本地区气象部门的常规气象资料。如果评价区地形比较复杂、气象场不均匀，则应考虑开展同步气象观测，从而找出大气污染的规律和重污染发生的气象条件。

4. 评价

评价就是对监测数据进行统计、分析，并选用适宜的大气质量指数模型求取大气质量指数。根据大气质量指数及其对应的环境生态效应进行污染分级，绘制大气质量分布图，从而探讨各项大气污染物和环境质量随时空的变化情况，指出造成本地区大气环境质量恶化的主要污染源和主要污染物，研究大气污染对人群和生态环境的影响。另外，要提出改善大气环境质量及防止大气环境进一步恶化的综合防治措施。

二、废气污染源达标评价

(一) 污染源名单

监测的污染源名单根据《国务院关于同意新增部分县（市、区、旗）纳入国家重点生态功能区的批复》（国函〔2016〕161号）文件要求认定，并且2017年按照《关于加强"十三五"国家重点生态功能区县域生态环境质量监测评价与考核工作的通知》（环办监测函〔2017〕279号）核实；同时结合生态环境部每年发布的国家重点监控企业名单综合确定。

(二) 监测项目

对于废气污染源，如果执行行业或地方排放标准的，则按照行业或地方排放标准以及该企业环评报告书及批复的规定确定监测项目；如果执行《大气污染物综合排放标准》（GB 16297—1996）的，则按照《建设项目环境保护设施竣工验收监测技术要求》（环发〔2000〕38号）附录二和该项目环评报告书确定监测对象。对二氧化硫、氮氧化物总量减排重点环保工程设施及纳入年度减排计划的重点项目，同时监测二氧化硫、氮氧化物的去除效率。废气监测项目均包括流量。

(三) 监测频次

污染源每季度监测1次，全年监测4次。对于季节性生产企业，则在生产季节至少监测4次。

(四) 评价方法

污染源采用单项污染物评价法，即在一次监测中，排污企业的任一排污口单项污染物浓度不达标，则该排污企业本次监测中该单项污染物为不达标；若任一排污口排放的任何一项污染物不达标，则该排污口本次监测为不达标；如果排污企业任一排污口不达标，则该排污企业本次监测为不达标。

如果有地方或区域排放标准的，则优先采用地方或区域排放标准；如果有行业排放标准的，则采用行业排放标准；如果没有行业排放标准的，则采用综合排放标准。

第六节 主要大气污染物治理技术

一、沉降室

沉降室（图3-1）是治理粒径较大颗粒（大于40μm）的最简单、最节约的设备。含尘空气通过沉降室降低了气流速度，颗粒物因重力而沉降下来。一般沉降室多安装在其他除尘设备之前，作为去除较大颗粒的预处理设备。[①]

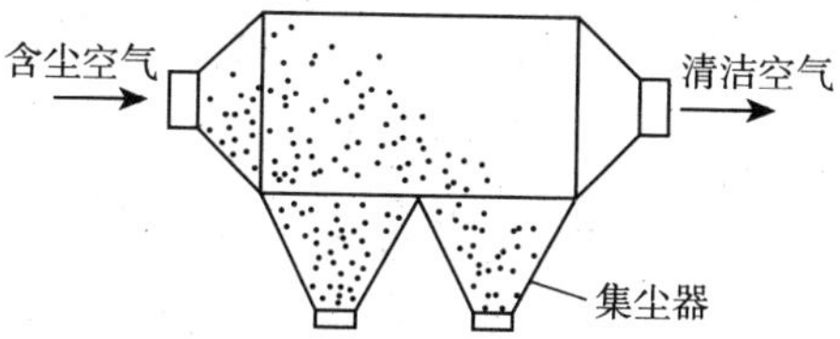

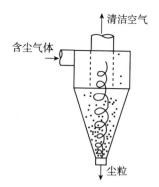

图 3-1 沉降室

二、离心式除尘器

离心式除尘器也叫旋风分离器（图 3-2），含尘气体沿切线方向进入分离器中旋转，烟尘颗粒在离心力的作用下，被甩到器壁，沉降到底部放出，清洁空气由顶部逸出。对于粒径大于 $40\mu m$ 的尘粒，集尘效率可接近 95%；采用组合式小型旋风分离器还可进一步提高除尘效率，由于旋风分离器直径缩小，可增加尘粒的离心力，同时缩短了尘粒与分离器外圆筒之间的距离，使尘粒容易达到分离器内壁。对于粒径小于 $8\mu m$ 的尘粒，除尘效率将显著下降。

图 3-2 旋风分离器

三、文丘里除尘器

文丘里除尘器（图 3-3）是广泛使用、效率较高的一种洗涤式除尘装置，靠加压水进行喷雾洗涤来达到除尘目的。含尘气体经过文丘里管的喉径形成高速气流，并与喉径处喷入的高压水所形成的液滴相碰撞，使尘粒黏附于液滴上，除尘效率可达 99% 以上，能够去除粒径为 $0.05\sim0.5\mu m$ 的尘粒。

四、袋式除尘器

袋式除尘器（图 3-4）是一种过滤式除尘装置，是在除尘室内悬吊许多滤布袋，含尘气体通过滤布袋使粉尘在袋内截留而被除掉。对粒径为 $1\mu m$ 以上的颗粒去除率接近 100%，甚至对粒径是 $0.01\mu m$ 的尘粒也有一定的除尘效果。一部分

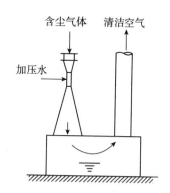

图 3-3 文丘里除尘器

---

① 李满．环境保护［M］．北京：煤炭工业出版社，2007.

除尘室清洗时，其余部分仍可工作。

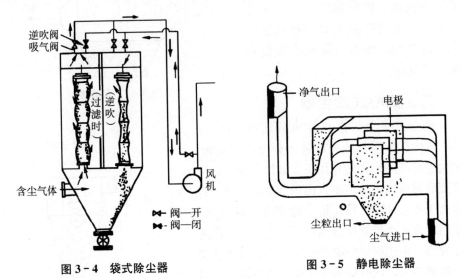

图 3-4 袋式除尘器　　　　　　　　图 3-5 静电除尘器

五、静电除尘器

　　静电除尘器（图 3-5）的工作原理并不复杂，含尘气体通过高压直流电晕时，尘粒带上电荷，并在电场力的作用下沉积到接地集尘电极的表面上，再借助重力的作用，经敲动或冲洗等方法，将尘粒从集尘电极上清除下来。静电除尘器的除尘效率高，尘粒径大于 $0.1\mu m$ 时，除尘效率可达 99% 以上。静电除尘器在冶金、化工、水泥、火力发电等工业部门得到广泛应用，日本等工业发达国家的企业也普遍使用它作为有效的除尘设备，但这种除尘器成本费用较高。[①]

　　① 李满 . 环境保护［M］. 北京：煤炭工业出版社，2007.

土壤环境质量监测及防治

土壤是人类环境的重要组成部分，它的质量优劣程度直接影响人类的生活、生产及社会发展。由于废气、废水、废物、污泥对土壤造成了污染，需要调查分析主要污染物。因此，土壤环境质量监测显得尤为重要。

第一节　土壤监测方案制订

一、土壤监测的目的

（一）土壤质量现状监测

监测土壤质量现状的目的是判断土壤是否被污染及污染状况，并预测其发展变化趋势。《土壤环境质量标准》将土壤环境质量分为 3 类，分别规定了 10 种污染物和 pH 的最高允许浓度或范围。Ⅰ类土壤是指国家规定的自然保护区、集中式生活饮用水源地、茶园、牧场和其他保护地区的土壤，其质量基本上保持自然背景水平。Ⅱ类土壤是指一般农田、蔬菜地、茶园、果园、牧场等土壤，其质量基本上不对植物和环境造成危害和污染。Ⅲ类土壤是指林地土壤及污染物容量较大的高背景值土壤和矿产附近等地的农田土壤（蔬菜地除外），其质量基本上不对植物和环境造成危害和污染。Ⅰ、Ⅱ、Ⅲ类土壤分别执行一、二、三级标准。[①]

（二）土壤污染事故监测

由于废气、废水、废物、污泥对土壤造成了污染，或者使土壤结构与性质发生了明显的变化，或者对作物造成了损害，需要调查分析主要污染物，确定污染物的来源、范围和程度，为行政主管部门采取对策提供科学依据。

（三）土壤处理动态监测

在进行废（污）水、污泥土地利用及固体废物土地处理的过程中，把许多无机物和有机污染物质带入土壤，其中有的污染物质残留在土壤中，并不断积累，它们的含量是否达到了危害的临界值，需要进行定点长期动态监测，以做到既能充分利用土壤的净化能力，又能防止土壤污染，保护土壤生态环境。

---

① 黄功跃. 环境监测与环境管理［M］. 昆明：云南科技出版社，2017.

(四) 土壤背景值调查

通过分析测定土壤中某些元素的含量，确定这些元素的背景值水平和变化，了解元素的丰缺和供应情况，为保护土壤生态环境、合理施用微量元素及地方病病因的探讨与防治提供依据。

二、土壤资料的收集

广泛地收集相关资料，包括自然环境和社会环境方面的资料，有利于优化采样、点的布设和后续监测工作。

自然环境方面的资料包括土壤类型、植被、区域土壤元素的背景值、土地利用情况、水土流失、自然灾害、水系、地下水、地质、地形地貌、气象等，以及相应的图件（如土壤类型图、地质图、植被图等）。

社会环境方面的资料包括工农业生产布局、工业污染源种类及分布、污染物种类及排放途径和排放量、农药和化肥使用状况、废（污）水灌溉及污泥使用状况、人口分布、地方病等，以及相应的图件（如污染源分布图、行政区划图等）。

三、土壤监测项目

土壤监测项目应根据监测目的确定。背景值调查研究是为了了解土壤中各种元素的含量水平，要求测定的项目较多。污染事故监测仅测定可能造成土壤污染的项目。土壤质量监测测定那些影响自然生态和植物正常生长及危害人体健康的项目。

我国《土壤环境质量标准》规定，监测重金属类、农药类及 pH 共 11 个项目。《农田土壤环境质量监测技术规范》将土壤监测项目分为 3 类：规定必测项目、选择必测项目和选测项目。规定必测项目为《土壤环境质量标准》要求测定的 11 个项目。选择必测项目是根据监测地区环境污染状况，确认在土壤中积累较多，对农业危害较大、影响范围广、毒性较强的污染物，具体项目由各地自行确定。选测项目是指新纳入的在土壤中积累较少的污染物，由于环境污染导致土壤性状发生改变的土壤性状指标和农业生态环境指标。选择必测项目和选测项目包括铁、锰、总钾、有机质、总氮、有效磷、总磷、水分、总砷、有效硼、总硼、总钼、氟化物、氯化物、矿物油、苯并［a］芘、全盐量等。

四、土壤监测的方法

监测方法包括土壤样品的预处理和分析测定方法两部分。分析测定方法包括原子吸收分光光度法、分光光度法、原子荧光法、气相色谱法、电化学法及化学分析法等。电感耦合等离子体原子发射光谱法（ICP-AES）、X 射线荧光光谱法、中子活化法、液相色谱法及气相色谱-质谱法（GC-MS）等分析方法在土壤监测中也有应用。选择分析方法的原则也要遵循标准方法、权威部门规定或推荐的方法、自选等效方法的先后顺序。

第二节 采集方法与保存

一、土壤样品的采集

（一）采样准备

1. 采样准备资料

采样前应充分了解有关技术文件和监测规范，并收集与监测区域相关的资料，主要包括以下方面。

（1）监测区域的交通图、土壤图、地质图、大比例尺地形图等资料，用于制作采样工作图和标注采样点位。

（2）监测区域的土类、成土母质等土壤信息资料。

（3）工程建设或生产过程对土壤造成影响的环境研究资料。

（4）造成土壤污染事故的主要污染物的毒性、稳定性以及如何消除等资料。

（5）土壤历史资料和相应的法律（法规）。

（6）监测区域工农业生产及排污、污灌、化肥农药施用情况资料。

（7）监测区域气候资料（温度、降水量和蒸发量）、水文资料，监测区域遥感与土壤利用及其演变过程方面的资料等。

通过现场踏勘，将调查得到的信息进行验证、整理和利用，丰富采样工作图的内容。[①]

2. 采样所需器具

采样器具一般包括以下 5 类。

（1）工具类。如铁锹、铁铲、原状取土钻、螺旋取土钻、竹片以及适合特殊采样要求的工具等。

（2）器材类。如 GPS、罗盘、数码照相机、卷尺、铝盒、样品袋和样品箱等。

（3）文具类。如样品标签、采样记录报表、铅笔、资料夹等。

（4）安全防护用品。如工作服、工作鞋、安全帽、药品箱等。

（5）交通工具。如采样专用车辆。

---

① 黄功跃. 环境监测与环境管理［M］. 昆明：云南科技出版社，2017.

(二) 样品的布点与样品数

合理划分采样单元是采样点布设的前期工作。监测单元是按地形—成土母质—土壤类型—环境影响划分的监测区域范围。土壤采样点是在监测单元内实施监测采样的地点。

为了使采集的监测样品具有较好的代表性，必须避免一切主观因素，遵循"随机"和"等量"的原则。一方面，组成样品的个体应当是随机地取自总体；另一方面，需要相互之间进行比较的样品应当由等量的个体组成。"随机"和"等量"是决定样品具有同等代表性的重要条件。

1. 样点布设的原则

为使布设的采样点具有代表性和典型性，应遵循以下原则。

（1）合理地划分采样单元。在进行土壤监测时，往往涉及范围较广、面积较大，需要划分成若干个采样单元，同时在不受污染源影响的地方选择对照采样单元。因为不同类型的土壤和成土母质的元素组成、含量相差较大，土壤质量监测或土壤污染监测可按照土壤接纳污染物的途径（如大气污染、农灌污染、综合污染等），参考土壤类型、农作物种类、耕作制度等因素，划分采样单元。背景值调查一般按照土壤类型和成土母质划分采样单元。同一单元的差别应尽可能缩小。

（2）坚持哪里有污染就在哪里布点，并根据技术力量和财力条件，优先布设在那些污染严重、影响农业生产活动的地方。

（3）采样点不能设在田边、沟边、路边、肥堆边及水土流失严重或表层土被破坏处。

2. 布点的方法

（1）简单随机布点。简单随机布点是一种完全不带主观限制条件的布点方法。通常将监测单元分成网格，每个网格编上号码，决定采样点样品数后，随机抽取规定的样品数的样品，其样本号码对应的网格号即为采样点。随机数的获得可以利用掷骰子、抽签、查随机数表的方法。

（2）分块随机布点。分块随机布点是根据收集的资料，如果监测区域内的土壤有明显的几种类型，即可将区域分成几块，每块内污染物较均匀，块间的差异较明显，将每块作为一个监测单元，在每个监测单元内再随机布点。在合理分块的前提下，分块随机布点的代表性比简单随机布点好。如果分块不合理，分块随机布点的效果可能会适得其反。

（3）系统随机布点。系统随机布点是将监测区域划分成面积相等的多个部分（网格划分），每个网格内布设一采样点。如果区域内土壤污染物含量变化较大，系统随机布点比简单随机布点所采样品的代表性更好。

3. 布点的数量

土壤监测的布点数量要满足样本容量的基本要求，即上述基础样品数量的下限数值，实际工作中土壤布点数量还要根据调查目的、调查精度和调查区域的环境状况等因素确定。一般要求每个监测单元最少布设 3 个点。区域土壤环境调查按照调查的精度不同，可从 2.5km、5km、10km、20km、40km 中选择网距网格布点，区域内的网格节点数即为土壤采样点数量。

（1）区域环境土壤调查布点。采样单元的划分，全国土壤环境背景值监测一般以土壤类型为主，省、自治区、直辖市级的土壤环境背景值监测以土壤类型和成土母质母岩类型为主；省级以下或条件许可或特别工作需要的土壤环境背景值监测可划分到亚类或土属。根据实际情况可适当减小网格间距，适当调整网格的起始经纬度，避开过多网格落在道路或河流上，使样品更具代表性。

对于野外选点的要求，采样点的自然景观应符合土壤环境背景值研究的要求。采样点选在被采土壤类型特征明显、地形相对平坦、稳固，植被良好的地点；坡脚、洼地等具有从属景观特征的地点不设采样点；城镇、住宅、道路、沟渠、粪坑、坟墓附近等处人为干扰大，失去土壤的代表性，不宜设采样点；采样点离铁路、公路至少 300m 以上；采样点以剖面发育完整、层次较清楚、无侵入体为准；不在水土流失严重或表土被破坏处设采样点；选择不施或少施化肥、农药的地块作为采样点，以使采样点尽可能少受人为活动的影响；不在多种土类、多种母质母岩交错分布、面积较小的边缘地区布设采样点。

（2）农田土壤采样布点。农田土壤监测单元按土壤主要接纳污染物的途径可分为大气污染型、灌溉水污染型、固体废物堆污染型、农用固体废物污染型、农用化学物质污染型和综合污染型（污染物主要来自上述两种以上途径）6 类。监测单元划分要参考土壤类型、农作物种类、耕作制度、商品生产基地、保护区类型、行政区划等要素的差异，同一单元的差别应尽可能地缩小。每个土壤单元设 3~7 个采样区，单个采样区可以是自然分割的一块田地，也可由多个田块构成，其范围以 200m×200m 为宜。

根据调查目的、调查精度和调查区域环境状况等因素确定监测单元，部门专项农业产品生产土壤环境监测布点按其专项监测要求进行。

大气污染型土壤监测单元和固体废物堆污染型土壤监测单元以污染源为中心放射状布点，在主导风向和地表水的径流方向适当增加采样点（离污染源的距离远于其他点）；灌溉水污染型、农用固体废物污染型和农用化学物质污染型监测单元采用均匀布点；灌溉水污染型监测单元采用按水流方向带状布点，采样点自纳污口起由密渐疏；综合污染型监测单元布点采用综合放射状、均匀、带状布点法。

（3）建设项目监测采样布点。采样点按每 100 公顷占地不少于 5 个且总数不少于 5 个布设，其中小型建设项目设 1 个柱状样采样点，大中型建设项目不少于 3 个柱状样采样点，特大型建设项目或对土壤环境影响敏感的建设项目不少于 5 个柱状样采样点。

生产或者将要生产造成的污染物，以工艺烟雾（尘）、污水、固体废物等形式污染周围土壤环境，采样点以污染源为中心放射状布设为主，在主导风向和地表水的径流方向适当增加采样点（离污染源的距离远于其他点）；以水污染型为主的土壤按水流方向带状布点，采样点自纳污口起由密渐疏；综合污染型监测单元布点采用综合放射状、均匀、带状布点法。

（4）城市土壤采样布点。城市土壤是城市生态的重要组成部分，虽然城市土壤不用于农业生产，但其环境质量对城市生态系统影响极大。城区大部分土壤被道路和建筑物覆盖，只有小部分土壤栽植草木，这里的城市土壤主要是指后者。城市土壤监测点以网距 2 000m 的网格布设为主，功能区布点为辅，每个网格设一个采样点。对于专项研究和调查的采样点可适当加密。

（5）污染事故监测土壤采样布点。污染事故不可预料，接到举报后应立即组织采样。现场调查和观察，取证土壤被污染时间，根据污染物及其对土壤的影响确定监测项目，尤其污染事故的特征污染物是监测的重点。根据污染物的颜色、印渍和气味，并考虑地势、风向等因素初步界定污染事故对土壤的污染范围。

对于固体污染物抛撒污染型，等打扫好后布设采样点不少于 3 个；对于液体倾翻污染型，污染物向低洼处流动的同时向深度方向渗透并向两侧横向扩散；事故发生点样品点较密，事故发生点较远处样品点较疏，采样点不少于 5 个。对于爆炸污染型，以放射性同心圆方式布点，采样点不少于 5 个。事故土壤监测还要设定 2～3 个背景对照点。

（三）样品的类型、采样深度和采样量

1. 混合样品

如果只是对土壤污染状况做一般了解，对于种植一般农作物的耕地，只需采集 0～20cm 耕作层土壤；对于种植果林类农作物的耕地，采集 0～60cm 耕作层土壤。将在一个采样单元内各采样分点采集的土样混合均匀制成混合样，组成混合样的分点数通常为 5～20 个。混合样量往往较大，需要用四分法弃取，最后留下 1～2kg，装入样品袋。

2. 剖面样品

如果要了解土壤污染深度，则应按土壤剖面层次分层采样。土壤剖面是指地面向下的垂直于土体的切面，在垂直切面上可观察到与地面大致平行的若干层具有不同颜色、形状的土层。典型的自然土壤剖面分为 A 层（表层、腐殖质层、淋溶层）、B 层（亚层、淀积层）、C 层（风化母岩层、母质层）和底岩层。

采集土壤剖面样品时，需在特定采样地点挖掘一个 1m×1.5m 左右的长方

形土坑，深度在 2m 以内，一般要求达到母质或潜水处即可。盐碱地地下水位较高，应取样至地下水位层；山地土层薄，可取样至风化母岩层。根据土壤剖面颜色、结构、质地、松紧度、温度、植物根系分布等划分土层，并进行仔细观察，将剖面形态、特征自上而下逐一记录。随后在各层最典型的中部自下而上逐层用小土铲切取一片片土壤样，每个采样点的取样深度和取样量应一致。

将同层次土壤混合均匀，各取 1kg 土样，分别装入样品袋。土壤背景值调查也需要挖掘剖面，在剖面各层次典型中心部位自下而上采样，但切忌混淆层次、混合采样。

（四）采样时间和频率

为了解土壤污染状况，可随时采集样品进行测定。如需同时掌握在土壤上生长的作物受污染的状况，可在季节变化或作物收获期采集。《农田土壤环境监测技术规范》规定，一般土壤在农作物收获期采样测定，必测项目一年测定一次，其他项目 3～5 年测定一次。

（五）采样注意事项

（1）在采样的同时，填写土壤样品标签、采样记录、样品登记表。土壤标签一式两份，一份放入样品袋内，另一份扎在袋口，待采样结束时在现场逐项逐个检查。

（2）测定重金属的样品，尽量用竹铲、竹片直接采集样品，或者用铁铲、土钻挖掘后用竹片刮去与金属采样器接触的部分，再用竹铲或竹片采集土样。

二、土壤样品的保存

现场采集样品后，必须逐件与样品登记表、样品标签和采样记录进行核对，核对无误后分类装箱，运往实验室加工处理。运输过程中严防样品损失、混淆和玷污。对于光敏感的样品，应有避光外包装。对于含易分解有机物的样品，采集后置于低温（冰箱）中，直至运送分析室。

制样工作室应分设风干室和磨样室。风干室朝南（严防阳光直射土样），通风良好，整洁无尘，无易挥发性化学物质。在风干室将土样放置于风干盘（白色搪瓷盘及木盘）中，摊成 2～3cm 的薄层，适时地压碎、翻动；拣出碎石、沙砾、植物残体。

在磨样室将风干的样品倒在有机玻璃板上，用木锤敲打，用木棍、木棒、有机玻璃棒再次压碎，拣出杂质，搅拌混匀，并用四分法取压碎样，过孔径 0.83mm（20 目）尼龙筛。过筛后的样品全部置于无色聚乙烯薄膜上并充分搅拌混匀，再采用四分法取其两份，一份交样品库存放，另一份作为细磨的样品。粗磨样可直接用于土壤 pH、阳离子交换量、元素有效态含量等项目的分析。

用于细磨的样品再用四分法分成两份。一份研磨到全部过孔径 0.25mm（60 目）筛，用于农药或土壤有机质、土壤全氮量等项目分析；另一份研磨到全部过孔径 0.15mm（100 目）筛，用于土壤元素全量分析。

研磨混匀后的样品分别装于样品袋或样品瓶，填写土壤标签一式两份，瓶内或袋内装一份，瓶外或袋外贴另一份。

在制样过程中，采样时的土壤标签与土壤始终放在一起，严禁混错，样品名称和编码始终不变；制样工具每处理一份样后擦抹（洗）干净，严防交叉污染；分析挥发性、半挥发性有机物或可萃取有机物不需要上述制样流程，用新鲜样按特定的方法进行样品前处理。

样品应按样品名称、编号和粒径分类保存。对于易分解或易挥发等不稳定组分的样品，要采取低温保存的运输方法，并尽快送到实验室分析测试。测试项目需要新鲜样品的土样，采集后用可密封的聚乙烯或玻璃容器在 4℃ 以下避光保存，样品要充满容器。避免用含有待测组分或对测试有干扰的材料制成的容器盛装保存样品，测定有机污染物用的土壤样品要选用玻璃容器保存。

第三节　土壤污染物监测

一、土壤水分

土壤水分是土壤生物生长必需的物质，不是污染组分。但无论用新鲜土样还是风干土样测定污染组分时，都需要测定土壤含水量，以便计算按烘干土样为基准的测定结果。

土壤含水量的测定要点是：对于风干土样，用分度值为 0.001g 的天平称取适量通过 1mm 孔径筛的土样，置于已恒重的铝盒中；对于新鲜土样，用分度值为 0.01g 的天平称取适量土样，放于已恒重的铝盒中；将称量好的风干土样和新鲜土样放入烘箱内，于（105±2）℃烘至恒重，其含水量计算公式分别为

$$含水量（湿基，\%）= \frac{m_1 - m_2}{m_1 - m_0} \times 100$$

$$含水量（干基，\%）= \frac{m_1 - m_2}{m_2 - m_0} \times 100$$

式中，m_0——烘至恒重的空铝盒质量，g；

m_1——铝盒及土样烘干前的质量，g；

m_2——铝盒及土样烘至恒重时的质量，g。

二、土壤 pH

土壤 pH 是土壤重要的理化参数，对土壤微量元素的有效性和肥力有重要

影响。pH 为 6.5～7.5 的土壤，其磷酸盐的有效性最大。土壤酸性增强，使所含许多金属化合物溶解度增大，其有效性和毒性也增大。土壤 pH 过高（碱性土）或过低（酸性土），均影响植物的生长。

测定土壤 pH 使用玻璃电极法，其测定要点是：称取通过 1mm 孔径筛的土样 10g 于烧杯中，加无二氧化碳蒸馏水 25mL，轻轻摇动后用电磁搅拌器搅拌 1min，使水和土样混合均匀，放置 30min，用 pH 计测定上部浑浊液体的 pH。测定方法同水的 pH 测定方法。

测定 pH 的土样应存放在密闭玻璃瓶中，防止空气中的氨、二氧化碳及酸、碱性气体的影响。土壤的粒径及水土比均对 pH 有影响。一般酸性土壤的水土比（质量比）保持（1∶1）～（5∶1），对测定结果影响不大；碱性土壤水土比以 1∶1 或 2.5∶1 为宜，水土比增加，测得的 pH 偏高。另外，风干土壤和潮湿土壤测得的 pH 有差异，尤其是石灰性土壤，由于风干作用，土壤中大量二氧化碳损失，导致 pH 偏高，因此风干土壤的 pH 为相对值。[①]

三、可溶性盐分

土壤中可溶性盐分是用一定量的水从一定量土壤中经一定时间提取出来的水溶性盐分。当土壤所含的可溶性盐分达到一定数量后，会直接影响农作物的萌发和生长，其影响程度主要取决于可溶性盐分的含量、组成及农作物的耐盐度。就盐分的组成而言，碳酸钠、碳酸氢钠对农作物的危害最大，其次是氯化钠，而硫酸钠危害相对较轻。因此，定期测定土壤中可溶性盐分总量及盐分的组成，可以了解土壤盐渍程度和季节性盐分动态，为制订改良和利用盐碱土壤的措施提供依据。

测定土壤中可溶性盐分的方法有重量法、比重计法、电导法、阴阳离子总和计算法等，这里简要介绍应用广泛的重量法。

重量法的原理为：称取通过 1mm 孔径筛的风干土壤样品 1 000g，放入 1 000mL 大口塑料瓶中，加入 500mL 无二氧化碳蒸馏水，在振荡器上振荡提取后，立即抽滤，滤液供分析测定。吸取 50～100mL 滤液于已恒重的蒸发皿中，置于水浴上蒸干，再在 100～105℃烘箱中烘至恒重，将所得烘干残渣用质量分数为 15% 的过氧化氢溶液在水浴上继续加热去除有机质，再蒸干至恒重，剩余残渣量即为可溶性盐分总量。

水土比和振荡提取时间影响土壤可溶性盐分的提取，故不能随意更改，以使测定结果具有可比性。此外，抽滤时尽可能快速，以减少空气中二氧化碳的影响。

---

① 黄功跃. 环境监测与环境管理［M］. 昆明：云南科技出版社，2017.

四、金属化合物

（一）铅、镉

铅和镉都是动物、植物非必需的有毒有害元素，可在土壤中积累，并通过食物链进入人体。测定它们的方法多用石墨炉原子吸收分光光度法和原子荧光光谱法。

1. 石墨炉原子吸收分光光度法

该方法的测定要点是：采用盐酸-硝酸-氢氟酸-高氯酸分解法，在聚四氟乙烯坩埚中消解 $0.1 \sim 0.3g$ 通过 $0.149mm$（100 目）孔径筛的风干土样，使土样中的待测元素全部进入溶液，加入基体改进剂后定容。取适量溶液注入原子吸收分光光度计的石墨炉内，按照预先设定的干燥、灰化、原子化等升温程序，使铅、镉化合物解离为基态原子蒸气，对空心阴极灯发射的特征光进行选择性吸收，根据铅、镉对各自特征光的吸光度，用标准曲线法定量。在加热过程中，为防止石墨管氧化，需要不断通入载气（氩气）。

2. 原子荧光光谱法

该方法测定原理的依据为：将土样用盐酸-硝酸-氢氟酸-高氯酸体系消解，彻底破坏矿物质晶格和有机质，使土样中的待测元素全部进入溶液。消解后的样品溶液经转移稀释后，在酸性介质中及有氧化剂或催化剂存在的条件下，样品中的铅或镉与硼氢化钾反应，生成挥发性铅的氢化物或镉的氢化物。以氩气为载气，将产生的氢化物导入原子荧光分光光度计的石英原子化器，在室温（铅）或低温（镉）下进行原子化，产生的基态铅原子或基态镉原子在特制铅空心阴极灯或镉空心阴极灯发射特征光的照射下，被激发至激发态。由于激发态的原子不稳定，瞬间返回基态，发射出特征波长的荧光，其荧光强度与铅或镉的含量成正比，通过将测得的样品溶液荧光强度与系列标准溶液荧光强度比较进行定量。

（二）铜、锌

铜和锌是动物、植物和人体必需的微量元素，可在土壤中积累，当其含量超过最高允许浓度时，将会危害农作物。测定土壤中的铜、锌，广泛采用火焰原子吸收分光光度法。

火焰原子吸收分光光度法测定土壤中铜、锌的原理为：用盐酸-硝酸-氢氟酸-高氯酸全分解的方法，彻底破坏土壤的矿物晶格，使待测元素全部进入溶液。然后，将土壤消解液喷入空气-乙炔火焰中。在火焰的高温下，铜、锌和镍的化合物离解为基态原子，该基态原子蒸气对相应的空心阴极灯发射的特征谱线产生选择性吸收。在选择的最佳测定条件下，测定铜、锌的吸光度。此方法中铜的特征谱线为 $324.8nm$、镉的特征谱线为 $213.8nm$。

此方法的检出限（按称取 0.5g 试样消解定容至 50mL 计算）为：铜 1mg/kg，锌 0.5mg/kg。当土壤消解液中铁含量大于 100mg/L 时，抑制锌的吸收，加入硝酸镧可消除共存成分的干扰；含盐类高时，往往出现非特征吸收，此时可用背景校正加以克服。

（三）镍

土壤中含的少量镍对植物生长有益，镍也是人体必需的微量元素之一，但当其在土壤中积累超过允许量后，会使植物中毒；某些镍的化合物，如羟基镍毒性很大，是一种强致癌物质。

土壤中镍的测定方法有火焰原子吸收分光光度法、分光光度法、等离子体发射光谱法等，目前以火焰原子吸收分光光度法应用最为普遍。

火焰原子吸收分光光度法的测定原理是：称取一定量土壤样品，用盐酸-硝酸-氢氟酸-高氯酸体系消解，消解产物经硝酸溶解并定容后，喷入空气-乙炔火焰中，将含镍化合物解离为基态原子蒸气，测其对镍空心阴极灯发射的特征光的吸光度，用标准曲线法确定土壤中镍的含量。

测定时，使用原子吸收分光光度计的背景校正装置，以克服在紫外光区由于盐类颗粒物、分子化合物产生的光散射和分子吸收对测定的干扰。

（四）总汞

天然土壤中汞的含量很低，一般为 0.1~15mg/kg，其存在形态有单质汞、无机化合态汞和有机化合态汞。其中，挥发性强、溶解度大的汞化合物易被植物吸收，如氯化甲基汞、氯化汞等。汞及其化合物一旦进入土壤，绝大部分被耕层土壤吸附固定。当积累量超过《土壤环境质量标准》最高允许浓度时，生长在这种土壤上的农作物果实中汞的残留量就可能超过食用标准。

测定土壤中的汞广泛采用冷原子吸收分光光度法和冷原子荧光分光光度法。

冷原子吸收分光光度法的测定要点是：称取适量通过 0.149mm 孔径筛的土样，用硫酸-硝酸-高锰酸钾或硝酸-硫酸-五氧化二钒体系消解，使土样中各种形态的汞转化为高价态。将消解产物全部转入冷原子吸收测汞仪的还原瓶中，加入氯化亚锡溶液，把汞离子还原成易挥发的汞原子，用净化空气载带入测汞仪吸收池，选择性地吸收低压汞灯辐射出的 253.7nm 紫外线，测量其吸光度，与汞标准溶液的吸光度比较定量。该方法的检出限为 0.005mg/kg。

冷原子荧光分光光度法是将土样经混合酸体系消解后，加入氯化亚锡溶液将离子态汞还原为原子态汞，用载气带入冷原子荧光测汞仪的吸收池，吸收 253.7nm 波长紫外线后，被激发而发射共振荧光，测量其荧光强度，与标准溶液在相同条件下测得的荧光强度比较定量。该方法的检出限为 0.05μg/kg。

第四节 土壤环境质量评价

一、污染指数、超标率评价

土壤环境质量评价一般以单项污染指数为主，指数小，污染轻；指数大，污染重。当区域内土壤环境质量作为一个整体与外区域进行比较或与历史资料进行比较时，除用单项污染指数外，还常用综合污染指数。土壤由于地区背景差异较大，用土壤污染累积指数更能反映土壤的人为污染程度。土壤污染物分担率可评价确定土壤的主要污染项目，按污染物分担率由大到小排序，污染物主次也同此序。除此之外，土壤污染超标倍数、样本超标率等统计量也能反映土壤的环境状况。污染指数和超标率的计算如下。

土壤单项污染指数＝土壤污染物实测值/土壤污染物质量标准

土壤污染累积指数＝土壤污染物实测值/污染物背景值

土壤污染物分担率(％)＝(土壤某项污染指数/各项污染指数之和)×100％

土壤污染超标倍数＝(土壤某污染物实测值－某污染物质量标准)/某污染物质量标准

土壤污染样本超标率(％)＝(土壤样本超标总数/监测样本总数)×100％

二、内梅罗污染指数评价

内梅罗污染指数（PN）的计算公式为

$$PN = \sqrt{\frac{PI_{均}^2 + PI_{最大}^2}{2}}$$

式中，$PI_{均}$ 和 $PI_{最大}$ 分别是平均单项污染指数和最大单项污染指数。

内梅罗污染指数反映了各污染物对土壤的作用，同时突出了高浓度污染物对土壤环境质量的影响，可按内梅罗污染指数划定污染等级。

三、背景值及标准偏差评价

用区域土壤环境背景值（x）95％置信度的范围（$x \pm 2s$）来评价土壤环境质量，即若土壤某元素监测值 $x_i < x - 2s$，则该元素缺乏或属于低背景土壤；若土壤某元素监测值在 $x \pm 2s$ 范围内，则该元素含量正常；若土壤某元素监测值 $x_i > x + 2s$，则土壤已受该元素污染，或者属于高背景土壤。

第五节 土壤改良和控制沙漠化材料

一、土壤改良剂

土壤不但是人类赖以生存的物质基础和宝贵财富的源泉，而且是人类最早开发利用的生产资料，人类消耗热量的 80％、蛋白质的 75％和大部分的纤维都来自土壤。据统计，全世界拥有耕地 7.3 亿 hm^2，而土壤退化面积达到 1 965 万 km^2，且土壤退化以中度、严重和极严重退化为主。要恢复土壤的使用功能，采用土壤改良剂是一种重要方法。[1]

（一）无机改良剂

所采用的无机改良剂主要有天然矿物及其改性产品、钢渣、粉煤灰等工业固体废物等。用钢渣、粉煤灰等工业固体废物作为肥料或土壤改良剂，已得到很多学者的共识。

1. 天然矿物

天然矿物包括无机膨润土、沸石、氧化铁（铝）硅酸盐等，利用它们的某一项理化性质改善土壤的结构性，如膨润土的膨胀性强，施入水田可减少水分渗漏。将膨润土和沙质土壤混合，可改善土壤的物理和化学性能，防止土壤肥料流失，改善土壤水分状况，提高农作物产量。氧化铁（铝）硅酸盐改良剂的孔隙多，施入土壤可改善土壤的通透性。

早在 1976 年，美国在农业上不同方面的蛭石利用量就已超过 1.15 万 t，占蛭石总开采量的 1/3。澳大利亚、日本、德国、南非用于农业上的蛭石所占比率更大。蛭石通过离子交换保持肥力，同时提高土壤的通气性。据报道，使用蛭石可使大豆和高粱增产 56％，并减少 20％的肥料使用，在园艺方面，可用于花卉、蔬菜等栽培、育苗以及制作草坪的维护品等。除用作盆栽土的调节剂外，还可用于无土栽培。在美国和巴西的绿化中，将蛭石用于松树子苗的培育。将蛭石用于植物的育秧、育种可使植物从初期就能获得充足的水分和矿物质，从而使植物迅速生长或增加产量。因此，可将上述非金属矿产用于改良正在大量沙化的土壤；用于植树造林、育苗和培植草皮的土壤改良，以提高干旱地区植物的成活率，进而达到阻止土地沙化、水土流失和提高植被成活率的目的。

2. 钢渣用作肥料和改良剂

钢渣是炼钢过程排出的废渣，包括转炉渣、平炉渣和电炉渣等，由钙、铁、硅、镁、铝、锰、磷等的氧化物组成。其中钙、铁、硅氧化物占绝大部分。钢渣的成分含量依炉型、钢种的不同而不同，有时各种钢渣的成分（表 4-1）相差很悬殊。

---

[1]　廖润华. 环境治理功能材料［M］. 北京：中国建材工业出版社，2017.

表 4－1　各种钢渣的成分

单位:％

钢渣	CaO	FeO	Fe_2O_3	SiO_2	MgO	Al_2O_3	MnO	P_2O_5
转炉渣	45～55	10	10	20	<10	5	<5	1
平炉前期	20～30	20	20	20	<10	5	<5	1
平炉精炼	35～40	15	15	20	<10	5	<5	1
平炉后期	40～45	10	10	20	<10	5	<5	1
平炉氧化	30～40	20	20	20	5	5	<5	1
平炉还原	55～85	<10	<10	20	5	5	<5	1

可见，钢渣中不仅含有可被农作物吸收的磷素，还含有钙、镁、硅、锰等多种对农作物有很好肥效的元素。因此，它可用作磷肥、硅肥和土壤改良剂。

含磷生铁炼钢时产生的废渣可直接加工成钢渣磷肥。国外 1884 年开始使用钢渣磷肥。在磷铁矿资源丰富的西欧国家，1963 年以前，钢渣磷肥的产量一直稳占磷肥总产量的 15％～16％。我国目前已探明的中、高磷铁矿的储量非常丰富，部分钢铁厂（包头和马鞍山钢铁公司等）在使用高磷生铁炼钢时产生的钢渣含 P_2O_5 4％～20％，完全可以作为磷肥使用。钢渣用作磷肥，通常有以下两种途径。

（1）生产钢渣磷肥。用中、高磷铁水炼钢时，在不加萤石造渣的情况下，回收初期的含磷炉渣。将此矿渣破碎磨细，即得钢渣磷肥。此肥一般用作基肥，每亩可施用 100～130kg。

（2）生产钙镁磷肥。平炉钢渣含 P_2O_5 3％～7％，与蛇纹石相近似，其他化学成分也与蛇纹石相近似，故可部分或全部代替蛇纹石用于生产钙镁磷肥。生产钙镁磷肥的原料通常是磷矿石和含镁硅酸盐。生产工艺的要点是在竖炉或其他形式的炉内 1 300～1 500℃的温度下，使物料熔化并充分反应，反应完成后使熔体出炉，并用高压水急冷成玻璃体小颗粒，干燥、粉磨为钙镁磷肥产品。

钢渣也可用作硅肥。硅是农作物生长必不可少的元素。据测定，在水稻的茎、叶中 SiO_2 含量为 10％左右。虽然土壤中含有丰富的 SiO_2，但其中 99％以上很难被植物吸收。因此，为了使水稻长期稳产、高产，必须补充硅肥。例如，朝鲜按含有效 SiO_2 量把土壤分为缺硅的（小于 10mg/100g 土）、一般的（10～20mg/100g 土）和多硅的（大于 20mg/100g 土），每 100m^2 土壤的施肥量分别为 667kg、433kg 和 220kg。这样，全国的水稻增产率为 7％。我国一般的钢渣从成分上看，有 60％以上可作为硅肥原料。

用一般生铁炼钢时产生的钢渣，虽然 P_2O_5 含量不高（1％～3％），但含有 CaO、SiO_2、MgO、FeO、MnO 以及其他微量元素等，而且活性较高。所以此种钢渣中 CaO 对酸性土壤起中和作用，可用作改良土壤矿质的肥料，特别适用于酸性土壤。例如，山西阳泉钢铁厂从 1976 年开始利用高炉渣、瓦斯灰作为微量元素肥料。实践证明，这种肥料增产作用显著，一般来说，粮食增产 10% 以上，蔬菜、水果增产 5%～20%，棉花增产 10%～20%。当然，该厂的微量元素肥料由于生产原料中有瓦斯灰，所以更适于酸性土壤。

钢渣肥料宜作基肥，不宜作追肥，而且宜结合耕作翻土施用。沟施和穴施均可。应与种子隔开 1～2cm。钢渣肥料宜与有机堆肥混拌后施用。钢渣肥料不宜与氮素化肥混合施用。渣肥不但当年有肥效，而且其残效期可达数年。施用钢渣活性肥料时，一定要区别土壤的酸碱性，以免使土壤变坏或板结。

3. 粉煤灰土壤改良剂

粉煤灰资源利用是开发利用粉煤灰的重要途径，世界各国都非常重视。国际上是从 20 世纪 50 年代开始研究和应用的，美国、澳大利亚、英国、苏联等国在利用粉煤灰改土培肥、提高作物产量方面取得了许多成功经验。我国自 20 世纪 70 年代开始该方面的应用研究，并取得了一定的进展。表 4-2 为粉煤灰的理化性质及其在农业上的利用方式。

表 4-2　粉煤灰的理化性质及其在农业上的利用方式

理化性质	利用功能	利用方式
化学成分 Si、Ca、Mg、K、S、Mo、B	调节 pH、补充中性微量元素	直接施用、复垦造地、土壤改良剂、复合肥、磁化肥、营养土
多孔、疏松、流动性好	减少摩擦、磁化	调理剂、添加剂、磁化剂

农作物生长的土壤需有一定的孔度，而适合植物根部正常呼吸作用的土壤孔度下限量是 12%～15%。低于此值，将导致农作物减产。粉煤灰中的硅酸盐矿物和炭粒具有多孔性，是土壤本身的硅酸盐类矿物所不具备的。此外，粉煤灰颗粒之间的孔度一般也大于黏结了的土壤的孔度。粉煤灰施入土壤，除了其颗粒中、颗粒间的孔隙，还可以同土壤颗粒连成无数"羊肠小道"，构成输送营养物质的交通网络，为植物根系吸收提供新的途径。粉煤灰颗粒内部的孔隙可作为气体、水分和营养物质的"储存库"。

植物生长过程所需要的营养物质主要通过植物根部从土壤中获得，并且是以水溶液的形式提供的。土壤中溶液的含量及其扩散运动都与土壤内部各个颗粒之间或颗粒内部孔隙的毛细管半径有关。毛细管半径越小，吸引溶液或水分的力越大；反之亦然。这种作用使土壤含湿量得到调节。如果将粉煤灰施入土壤，能进一步改善土壤的这种毛细管作用和溶液在土壤内的扩散情况，从而调节土壤的含湿量，有利于植物根部加速对营养物质的吸收和分泌物的排出，促进植物正常生长。[①]

　　粉煤灰的施用对土壤物理性质具有影响。黏质土壤施入粉煤灰后，可以明显改善土壤结构，降低容重，增加孔隙度，提高地温，缩小膨胀率，从而显著地改善黏质土壤的物理性质，促进土壤中微生物活性，有利于养分转化，有利于保湿保墒，使水、肥、气、热趋向协调，为作物生长创造良好的土壤环境。印度坎普尔地区每公顷施粉煤灰 20t，土壤导水率由 0.076mm/h 增加至 0.55mm/h，土壤稳定性指标从 12.51 增至 14.08。另外，粉煤灰可通过增加土壤中大于 1mm 水稳性团聚体的数量，改善土壤结构。水稻盆栽每公顷施 75t 粉煤灰可使黏质土壤中小于 0.01mm 的物理性黏粒由 44.65% 降至 41.97%，土壤黏粒含量随施灰量的增加而递减，呈显著的直线负相关性；亩施灰量在 40t 之内，土壤孔隙度随施灰量的增加而递增，呈显著的正相关性。西北农学院亩施粉煤灰 1.5t，土壤膨胀率由 7.1% 降为 4.99%，有利于防止土壤流失。美国宾夕法尼亚州及特拉华州研究认为，粉煤灰可以改善沙质土壤的持水性，提高其抗旱能力。

　　粉煤灰悬浊液的 pH 最高可达 12.8，最低仅为 4.5，因此它具有调节土壤 pH 的作用，调节能力的大小取决于其本身的性质。另外，它所含的三氧化二物水解时会形成不溶的氢氧化物和可离解的酸，这些酸（游离子 H^+）有益于改善土壤的物理和化学性质。粉煤灰的施用对土壤化学性质也有影响，粉煤灰中 Si、Al、Fe、Ca、Mg、K、Na、Ti 的含量较高；还含有一定的对农作物有益的其他元素，如 P、B、Cu、Mo、Mn 等，这些元素主要以硅酸盐、氧化物、硫酸盐和硼酸盐、少量的磷酸盐和碳酸盐的矿物形式存在。常见的钾、镁、钠和钙的硫酸盐在粉煤灰中以可溶性盐类形式存在。因此，粉煤灰中含有多种植物可利用的营养成分。纽约州立大学 Malanchuk 的研究表明，在温室条件下每公顷施用 224t 粉煤灰，莲藕产量显著增加。元素分析表明，植株中钙、镁、钠的浓度没有明显增加，钾的浓度在第一季有所下降，而在第二季增加 1%～3%；硼、锌浓度随粉煤灰施用量的增加而增加，锰浓度则随粉煤灰用量的增加而减少。蔬菜试验表明，粉煤灰用量 0～12% 范围内，随施用量增加，植物组织中铁、锌浓度下降，钼、锰浓度增加，而铜、镍浓度保持不变，没有产生植株毒害症状。这些元素浓度的变化与土壤 pH 显著相关。山西省在潮土上每公顷施灰 75～900t，94 个施灰土壤测定平均有效磷含量为 26.2mg/kg，比无灰对照土壤（平均 19.4mg/kg）增加 35.1%。用粉煤灰改良沙质土壤后，对磷的最大吸附量发生在高用量粉煤灰改良的土壤上，这对保持土壤磷的有效性有重要意义。然而，高 pH 的干灰可使改良后土壤 pH 明显上升，造成磷、

锌的缺乏。由于粉煤灰富含硼，是油料作物的良好肥源，生长在粉煤灰改良的土壤上，花生、大豆的产量及品质均有明显提高。另外，粉煤灰同腐殖酸结合施用，可以提高土壤中有效硅的含量，吉林市农科所在三种土壤上种植水稻，每公顷施粉煤灰 22.5～30t，土壤有效硅含量由 1.07mg/kg、0.52mg/kg、1.4mg/kg 分别提高到 1.9mg/kg、2.0mg/kg、7.4mg/kg。

粉煤灰的化学组成使粉煤灰可用作植物的养料源。同时高量的污染元素存在也可能造成土壤、水体与生物的污染。在储灰场纯灰种植条件下，苜蓿、玉米、黍、兰草、洋葱、胡萝卜、甘蓝、高粱等都有砷、硼、镁和硒的明显积累趋势。种植于纽约电厂粉煤灰上的三叶草表现出以硒为主的有毒元素积累，冬小麦含硒 5.7mg/kg，而对照冬小麦含硒 0.02mg/kg，故需按照有关工业废物利用方面的现行法规控制其施用率，以防有害金属在农业土壤中的积累。在有机土、风化土和冲积土三种土壤上小麦盆栽试验表明，粉煤灰施用量在 0～5%（质量比）条件下，不同加灰比的土壤上麦苗总产量大于未加灰土壤的麦苗产量。土壤重金属元素的生物效应与土壤的 pH 密切相关，在加灰 5% 时，风化土 pH 从 6.1 上升到 8.3，故对麦苗中的重金属来说，其总量积累规律是随着施灰量的增加而递减。对于有机土来说，土壤有机物含量高，离子交换能力强，土壤的缓冲能力强，加灰仅使 pH 上升 0.4，故一些重金属的总量增加。粉煤灰还能改善土壤生物活性，对白浆土微生物活性的提高具有显著的效应。

4. 矿业固体废物用处

过去，人们曾认为只要有 C、O、H、N、P、K、Ca、Mg、Fe 和 S 十种元素，就足够维持植物正常生长和发育需要。但后来的研究证明，植物生长除上述常量元素外，还需要其他微量元素，如 B、Mn、Cu、Zn、Mo、Cl、Na 等。为了满足植物生长对某些微量元素的需要，就必须施用一定的微量元素肥料。

锰矿床采选所产生的废石及尾矿是极好的锰肥，与锰的纯盐比较，它们对植物有更多的作用，因为它们往往是一种综合肥料，除锰之外，还含有磷酐、氯离子、硫酸盐离子以及氧化镁、氧化钙等。尤其是废石及尾矿中锰往往呈 MnO 状态，它进入土壤中可使土壤中的有机体迅速氧化，而使有机体所含营养物质迅速析出，变成易被吸收状态。又如，土壤若极度缺钼，对庄稼生长和人体也很不利。据有关单位对河南某些食道癌发病区环境地质调查，土壤中极度缺钼就是引起食道癌的主要原因。如能将某些钼矿的尾矿作为微量化学肥料施用于缺钼的土壤，不但有助于农业增产，而且有助于降低食道癌发病率。

5. 煤矸石土壤改良剂

煤矸石是煤矿生产过程中排放的固体废物，煤矸石中含有较高的 Si、Al、

Fe、Ca、Mg、K、Na 等氧化物，还含有 Ga、Be、Co、Cu、Mn、Ni 等元素。据日本调查，长期施用氮、磷、钾肥的农田，土壤中缺乏硼、硅、镁等物质，煤矸石中正好含有这些成分。因此，煤矸石可作为这类农田的土壤改良剂使用。

（二）有机制剂

1. 天然有机制剂

由天然有机物制成的土壤改良剂主要有多糖类、木质素类、树脂胶类、腐殖酸类、沥青类等。这类土壤改良剂原料来源充足，制备简单，施用方便，经济可行。但由于这类物质自身结构及性质的原因，要使土壤获得良好的结构，必须大量施入，这给使用带来很大的不便。另外，由于天然有机物较易被微生物分解，尤其是多糖类，而被微生物分解的天然有机物会减少或失去对土壤的改良作用，即使用周期短。施用量大、使用周期短，限制了天然制剂在改良土壤中的应用。[①]

天然有机制剂作为土壤改良剂已广泛用于各类土壤的改良，并取得了较好的效果。含有丰富天然腐殖酸的褐煤、风化煤、泥炭在土壤改良中应用较多。用褐煤腐殖酸改良干旱、半干旱及热带地区因土壤侵蚀过度而导致的土壤快速流失和土壤退化，可稳定土壤水分，增加可供植物吸收的水分。腐殖酸可改善土壤结构，提高土壤水稳性团粒的含量。把泥炭施于低肥力、低产出的白浆土，改良后土壤的物理和保肥性能好转。土壤中一定含量的泥炭可降低土壤容重，提高土壤有效水的含量。褐煤与磷酸氢二铵改良盐碱土效果良好，褐煤中的有效成分腐殖酸与土壤粒子发生作用，改良土壤，而磷酸氢二铵可加速腐殖酸的自动氧化（碱性物质的作用），提高腐殖酸羟基、羧基的数量及活性，同时磷酸氢二铵又是植物的无机养分，其中的氮、磷易被植物吸收，并参与交换而改善土壤的物理及化学性质，降低易水溶性盐的数量，使土壤的 pH 降到正常范围。用腐殖酸改良土壤，有机质含量显著增加，土壤肥力提高。

2. 合成有机制剂

合成有机制剂包括天然-合成聚合物制剂的土壤改良剂、合成高聚物土壤改良剂两类。

为了克服天然改良剂的不足，发挥其优势，采用天然聚合物与有机单体共聚的方法，制得天然-合成聚合物土壤改良剂。这类土壤改良剂利用了原来天然聚合物分子的特点，有目的地引入各种有机官能团，使共聚产物具有更优异的综合性能，改良土壤效果更佳，使用周期更长。其主要品种有腐殖酸、淀粉、纤维素、壳聚糖等与丙烯酸、丙烯酰胺等单体的共聚物。

---

① 廖润华，梁华银，鲁荞，等．环境治理功能材料［M］．北京：中国建材工业出版社，2017.

天然-合成聚合物制剂由于原料来源、原料配比、制备条件以及施用量的不同，加之各地土壤的成土母质的差异，因此对土壤的改良效果不同。腐殖酸与丙烯酰胺进行接枝共聚 [丙烯酰胺与腐殖酸的比例是 1：(5～10)] 得到的产物作为土壤改良剂，有效地阻止了土壤的盐碱化。10 份腐殖酸与 1 份丙烯酰胺单体在引发剂的作用下进行共聚得到黑色的水溶性粉末，其溶液黏度为 15～20mL/g，羟基含量 10～13mg/g，用含 5%（质量分数）的共聚物土壤改良剂按 2%（质量分数）改良轻度侵蚀的栗土。3 个月以后，顶层 5cm 土壤大于 0.25mm 的团聚体从 8.20% 增加到 72%，土壤腐殖质从 1.94% 增加到 3.99%，土壤的 pH（土层 5cm）从 8.5 降到 8.0。通过腐殖酸和丙烯酰胺混合物在 NaOH 溶液中的电解作用，获得腐殖酸接枝丙烯酰胺共聚物。当丙烯酰胺含量（质量分数）为 33% 和 12h 电解，得到的接枝共聚物的相对分子质量最高，电荷密度 50～60mA/cm²，此时共聚物含 4.5%～5.9% 的 N。电化学合成的接枝共聚物能很好地改善土壤的结构性能。在灰钙土土壤中，添加土壤质量的 3%～5% 该共聚物时，水稳团粒从 1.2% 可提高到 26.7%～94.2%，提高幅度取决于共聚物的类型及使用量。用乙烯基单体与腐殖酸（来自褐煤）接枝共聚，乙烯基单体包括乙烯基醚、乙烯乙二醇单一醚或丙烯酰胺。当单体与腐殖酸的比例为 1：10 时，共聚物对土壤改良效果最好，形成的土壤结构最佳。

合成高聚物土壤改良剂的研究工作始于 20 世纪 50 年代，并在当时引起人们的极大关注。许多化学公司以及政府支持这方面的研究工作，并取得了一定的进展。由于受当时技术条件的限制。高聚物土壤改良剂价格极高，限制了它的广泛使用。20 世纪 60—70 年代这方面的研究工作很少，几乎无这方面的工作报道。直到 20 世纪 80 年代，随着科学技术的进步以及因世界人口的急剧增长导致的粮食问题，人们再次预料到高聚物土壤改良剂可能给人们带来的贡献，这方面的研究工作再次受到重视。作为土壤改良剂的合成高聚物主要有聚丙烯酰胺类（包括阴离子型聚丙烯酰胺、阳离子型聚丙烯酰胺和非离子型聚丙烯酰胺）、聚乙烯醇类、聚丙烯腈类、聚丙烯酸（盐）类等。

聚丙烯酰胺是一种溶于水的高分子人工合成高聚物制剂，其分子上带有许多活性基团（酰氨基），可以发生多种反应，容易制得带有不同电荷种类、数量的产物。聚丙烯酰胺独特的结构和性能使其成为最早改良土壤的合成高聚物品种之一。在诸多种合成聚合物土壤改良剂中，对聚丙烯酰胺（或丙烯酰胺单体与其他单体、物质共聚）的研究、使用最多。聚丙烯酰胺的离子类型、施用方式、施用量及与不同添加剂配合使用，对土壤产生不同的效果。聚丙烯酰胺在土壤中用量低时，能稳定土壤的团粒结构，这是作为土壤改良剂最为关键的条件。肇普海等在土壤中使用不同剂型、不同浓度的聚丙烯酰胺考察其对土壤物理性质的影响。结果表明，土壤经聚丙烯酰胺处理后一般沉降系数增大9％，分散系数减少7％～19％，结构性能增强3％～8％，土壤渗透性能增大32％。Nadler 和 Letey 研究了水解度 20％的聚丙烯酰胺对土壤的吸附后发现，水解度 20％的聚丙烯酰胺对土粒的吸附作用较强，而水解度 2％的聚丙烯酰胺可更好地改善团粒的稳定性。聚丙烯酰胺的类型（非离子型、阴离子型）对土壤渗透性及团聚体的稳定性有影响，阴离子聚合物有利于土壤粒子形成团聚体，非离子聚合物对防止土壤板结的作用较强。在相对分子质量相同的条件下，由于分子间作用力的差别，非离子聚合物的分子尺寸小，在溶液中的黏度低，可能更容易渗进团聚体中。低浓度阴离子聚丙烯酰胺溶于灌溉水中可显著减少灌溉沟的土壤侵蚀，增加净渗透量。

聚乙烯醇分子中含有大量极性的羟基（—OH），可与土壤粒子发生作用，达到改善土壤的目的。聚乙烯醇亲水性强，易溶于水，化学性质比较稳定，并具有抗微生物侵袭的能力。聚乙烯醇对土壤的改良效果与土壤的性质有关。聚乙烯醇改善土壤的微团粒结构及其尺寸的分布，其相对分子质量的大小对土壤的微团粒的量及其尺寸分布有较大的影响。将聚乙烯醇用于改良土壤结构很差的沙性土壤，当用量为耕层土（0～20cm）质量的 0.05％时，可将分散的土粒胶结成为蜂窝状结构，水稳性团粒也显著增加。在 0～10cm 的土层中施用聚乙烯醇后，水稳性团粒总量为 38.50％，未施聚乙烯醇的土壤水稳性团粒仅占总量的 7.36％，水稳性团粒总量提高 31％。在 10～20cm 的土层中施用聚乙烯醇后，水稳性团粒总量为 17.62％，未处理的仅为 4.32％，水稳团粒提高了13％。此外，土壤容重由原来的 $1.54g/cm^2$ 降低为 $1.30g/cm^2$，总孔隙度由42.1％增加到 51.2％，浸水容重由原来的 1.08g/mL 下降为 0.83g/mL，土壤的板结程度得到了改善。

丙烯酸及丙烯酸盐的均聚物和其他单体的共聚物广泛用于土壤改良剂。反悬浮法制得的丙烯酸钠-丙烯酸钙共聚物可提高土壤的保水性。在土壤中使用量为 0、1％、2％时，土壤含水量分别为 29.2％、36.9％、58.0％。两种丙烯酸盐共聚物按 7∶3（质量比）比例混合，对旱地土壤有很好的改良效果。丙烯酸-甲基丙烯酸甲酯的碱金属、碱土金属的共聚物在沙土中形成不渗透膜，防止水向深层渗透，节约灌溉水。丙烯酸钠-丙基磺酸钠-丙烯酰胺的三元共聚物是一种超强吸水树脂，该树脂具有高保水性能，施加该树脂于土壤中，改善土壤的结构，土壤的含水量增加，且有刺激作物生长的功效。以烯丙基胺作为交联剂，合成丙烯酸钠-丙烯酸共聚物（质量比 70∶30），该共聚物是一种性能优良的吸水剂，用于改良土壤可发挥其良好的吸水保水作用。乙烯醇-丙烯酸钠共聚物在盆栽试验中施用于花岗岩衍生沙土、轻黏稻田土中，发现施用聚合物的土壤表面变干但中底层包埋大量的水，说明吸水树脂抑制了水从下层渗漏及从上层的蒸发。

　　除上述土壤改良剂外，还有多种合成聚合物用于改良土壤，土壤的性能得到不同的改善。聚环乙亚胺和多价金属盐具有增加土壤稳定性、抑制风和水对土壤的侵蚀作用。苯酚树脂能改善耕种土壤的空气和水分状况，改良后的土壤总孔隙度明显增加，土壤的含水量提高。聚环氧乙烷可促进水在土壤中的迁移，提高土壤水的利用率。酚醛树脂与硫酸亚铁等的混合物施用于沙土，土壤的稳定系数和稳定墒分别从 0.53、21.29 增至 7.9、519.27，粒径大于 2mm 团粒从 40.18％增至 65.73％。聚苯乙烯也是一种很好的土壤改良剂，改良后的土壤通气性孔隙增加，改善了土壤的空气渗透性。交联磺化聚苯乙烯用于改良沙土，改良后的土壤有益于太阳花的生长，土壤有效水含量增加。聚丙烯胺在不同 pH 及 E_c 条件下，对土壤具有明显的团聚絮凝效应，是一种具有实用价值的土壤改良剂。

二、控制沙漠化材料

　　目前世界面临的最大环境问题之一就是土地沙漠化。沙漠化土地面积迅速增加，造成环境恶化和巨大的经济损失，以致引发某些地区的社会问题，成为全球广泛关注的热点。要遏制日益猖獗的沙漠化势头，就必须进行固沙，现今固沙方式主要有三种：工程固沙、植物（生物）固沙、化学固沙。工程固沙就是根据风沙移动的规律，采用工程技术，阻挡沙丘移动，达到阻沙固沙的目的，应用较为普遍的是建立沙障。因为防护高度有限，容易被流沙掩埋，防护年限有限，这种固沙措施只能作为一种临时性、辅助性的固沙手段。植物（生物）固沙技术是目前沙漠治理中最普遍的技术，具有经济、持久、有效、稳定的特点，但由于恶劣的自然环境，难以提供植物赖以生存的基本要素：水、土、肥。多年来，尽管国家投入大量人力、物力、财力营林造地，但收效甚微，树木成活率低，有的地方甚至寸草不生。化学固沙就是利用化学材料与工艺，对易发生沙害的沙丘或沙质地表建造能够防止风力吹扬又具有保持水分和改良沙地性质的固结层，以达到控制和改善沙害环境、提高沙地生产力的目的。由此可见，化学固沙包含了沙地固结和保水增肥两方面，它和植物（生物）固沙相结合可大大提高植物的成活率。化学固沙可机械化施工，简单快速，固沙效果立竿见影，尤其适合缺乏工程固沙材料和环境恶劣、降雨稀少、不易使用生物固沙技术的地区。①

　　国外化学固沙研究始于 20 世纪 30 年代，到 50 年代已有较大发展，国内始于 20 世纪 60 年代，至今已有几十年的历史。目前的化学固沙材料主要有两

---

　　①　廖润华，梁华银，鲁莽，等．环境治理功能材料［M］．北京：中国建材工业出版社，2017.

大类，一类是高吸水性树脂，另一类是高分子乳液。这些材料主要用于沙漠与荒漠化地区交通干线沿线的护路以及荒坡固定等。以高吸水性树脂为例，其用于沙漠治理的主要原理是将其制成颗粒或溶液，与土壤按一定比例混合，提高土壤的保水性、透水性和透气性，达到改进劣质土壤的目的。将高吸水性树脂配制成 0.3％～0.4％凝胶液，埋入 10～15cm 深的沙漠中，可在上边种植草籽、耐旱灌木甚至蔬菜和一般农作物。在水土流失严重的沙性土壤中，添加0.2％左右的高吸水性树脂可使羊茅草增产 40％。在干旱地区，新栽的幼苗由于得不到适量的水分，成活率极低，如果苗木出土后，在其根部蘸上 0.1％～0.5％的高吸水性树脂溶液，可使苗木成活率达到 50％以上。如果用 1％高吸水性树脂溶液处理根，并将树苗在空气中放置 1 个月再栽入土中，成活率可达99％以上。

目前技术已经成型的固沙材料具有固结速度快、强度高、无毒害、易操作等优点，但通常成本较高。

水泥浆用于固沙是利用了其喷洒在沙面上凝结固化后的覆盖作用。沙漠地区气候炎热干燥，沙面温度高，水泥浆喷洒在沙面上后，其中的水分迅速蒸发，水泥由于缺乏足够的水分而无法完全水化，生成的水化产物量少，只能形成薄且强度很低的固结层。同时硬化水泥浆体属于脆性材料，几乎没有柔性，在沙漠中受恶劣气候和沙丘迁移的影响，硬化水泥浆体很快就会发生干缩、龟裂，失去固沙和保水作用，所以现阶段很少单独使用水泥浆进行固沙。

水玻璃浆液作为价廉、无毒的固沙材料使用历史已近百年。过去所采用的水玻璃浆是由水玻璃和酸性反应剂构成的，在强碱性条件下发生胶凝固结，胶凝时间不能延长，浸透性差，固化反应不完全，固结层强度不高，易为外力所破坏，而且会受到较强的碱性影响，使生成的 SiO_2 胶体逐渐溶出，抗水性变差，耐久性降低，并造成环境的二次碱污染。所以，目前国内外研究者都致力于各种改性水玻璃浆液的研究，对水玻璃添加有机胶凝材料（如乙二醛、碳酸乙烯酯等）、无机胶凝材料进行复合，获得了适于喷洒施工的液态复合水玻璃浆液固沙剂，但这些固沙剂有的需要双液灌浆，胶凝时间不易控制，胶凝也不均匀；有的具有一定的毒性；还有的固结强度不高。

高吸水树脂类固沙材料是当今化学固沙材料的研究热点之一，用它来治理流沙，能使分散的无结构沙砾聚合成大的富有一定弹性、不易破碎的稳定体，从而达到稳定沙丘的目的，其固沙效果较其他普通化学材料显著、稳定。许多国家都在研究开发高吸水性树脂进行固沙试验，已开发出的高吸水树脂有淀粉接枝丙烯腈、淀粉接枝聚丙烯酸类、纤维素类、聚丙烯酸盐类、醋酸乙烯类等。我国对高吸水性树脂的研究起步较晚，有数十家科研单位将高分子吸水树脂用于固沙。使用高分子聚合物高吸水树脂进行固沙具有固结强度较高、吸水保水性好、耐水性好、固化迅速、黏结性好的特点，有的还具有良好的弹性和高温稳定性等特点。但高分子化学材料会受热老化和光氧老化，发生链断裂和交联反应。这种分子链的裂解和交联可使固结层遭到破坏而降低治沙效果。高分子聚合物因其成本很高、生产工艺及原料来源等方面受到限制，未能广泛应用。另外，一些有机高分子材料有毒，也限制了该类材料的使用，但它具有未来化学固沙的发展潜力。石油产品类固沙剂固沙就是喷洒适量的石油产品在沙地表面，借助石油产品的黏结作用使沙面固结，用于治沙的石油产品主要有原油、重油、渣油、沥青，直接把这些产品加热或者制成相应的乳化液喷洒在沙面即可。其中，乳化沥青是当前世界各国化学固沙应用最广泛的材料。使用石油产品固沙不但能固定沙面，而且在保持沙漠水分的同时能吸收太阳热，起到沙地增温剂的功能，提高植物的成活率，且其成本较低，原料来源广泛。但石油产品在使用中也存在许多问题，如抗老化性能差，其中的物质和树脂易被大气中的氧、光、热、水分和微生物破坏，油分减少，这种变化逐渐加剧并导致其性能变坏，致使固结层慢慢变脆、发硬、发生老化，以致最后开裂，被风掏蚀，只能固结沙面 20 年左右。另外，由于受沙砾强烈吸附作用和电性作用，绝大部分沥青被阻挡在沙面，渗透深度很小，只能在沙面形成极弱而薄的封闭层，所以固结强度不高、稳定性不好。

应急监测与环境质量监测保证

突发环境事件大多具有爆发的突然性、结果的危害性、形式的多样性、处理处置的艰巨性和危害的持续性等特征。这就要求通过现场应急监测来快速判断污染物的种类、浓度和污染范围，从而为突发环境污染事件的有效调查及处理处置等提供技术支撑。

第一节　突发性环境事件

一、突发性环境事件类型与特征

（一）突发性环境事件类型

（1）有毒有害物质污染事故。它是指在生产、生活过程中因生产、使用、贮存、运输、排放不当导致有毒有害化学品泄漏或非正常排放所引发的污染事故。如由氰化钾、氰化钠、砒霜、PCBs、液氯、HCl、HF、光气（COCl₂）等引起的有毒化学品污染事故，由一氧化碳、硫化氢、氯气、氨气引起的毒气污染事故等。

（2）易燃、易爆物质所引起的爆炸、火灾事故。如由煤气、瓦斯气体、石油液化气、甲醇、乙醇、丙酮、乙酸乙酯、乙醚、苯、甲苯等易挥发性有机溶剂泄漏而引起的环境污染事故。有些垃圾、固体废物堆放或处置不当，也会发生爆炸事故。

（3）农药污染事故。它是指剧毒农药在生产、贮存、运输过程中，因意外、使用不当所引起的泄漏导致的污染事故。常见的剧毒有机磷农药，如甲基1605、乙基1605、甲胺磷、马拉硫磷、对硫磷、敌敌畏、敌百虫、乐果等。

（4）放射性污染事故。它是指生产、贮存、运输、使用放射性物质过程中因操作不当而造成核辐射危害的污染事故。如核电厂发生火灾，核反应器爆炸，反应堆冷却系统破裂，放射化学实验室发生化学品爆炸，核物质容器破裂、爆炸放出的放射性物质以及放射源丢失于环境中等，对人体都会造成不同程度的辐射伤害与环境破坏事故。

（5）油污染事故。它是指原油、燃料油以及各种油制品在生产、贮存、运输和使用过程中因意外或不当而造成泄漏的污染事故。如油田或海上采油平台出现井喷、油轮触礁、油轮与其他船只相撞发生的溢油事故，炼油厂油库、油车漏油而引起的油污染事故等。

（6）废水非正常排放污染事故。因管理不当或突发事故使大量高浓度废水排入地表水体，致使水质突然恶化。如含大量耗氧物质的城市污水或尾矿废水因垮坝突然泻入水体，致使某一河段、某一区域或流域水体质量急剧恶化的环境污染事故。[①]

（二）突发环境事件的特征

（1）发生的突然性。一般的环境污染是一种常量的排污，有其固定的排污方式和排污途径，并在一定时间内有规律地排放污染物质。而突发性环境污染事故则不同，它没有固定的排污方式，往往突然发生，始料未及，有着很大的偶然性和瞬时性。

（2）形式多样性。上述归纳的几类突发环境事件，有毒化学品和农药污染事故、爆炸事故、核污染事故、溢油事故等多种类型，涉及众多行业与领域。就某一类事故而言，所含的污染因素往往比较多，表现形式也呈多样化。此外，在生产、贮存、运输和使用过程的各个环节均有发生污染事故的可能。

（3）危害的严重性。一般环境污染多产生于生产过程之中，短期内排污量少，相对危害小，一般不会对人们的正常生活和生活秩序造成严重影响；而突发性环境事件往往在极短时间内一次性大量泄漏有毒物或发生严重爆炸，短期内难以控制，破坏性大，不仅会打乱一定区域内人群的正常生活、生产秩序，还会造成人员伤亡、国家财产的巨大损失以及环境生态的严重破坏。

（4）危害的持续性。放射性污染带给人类活动的物理性污染最具有持续性；有毒有害污染物接触或进入机体后，在组织与器官内发生化学或物理化学作用，损害机体的组织器官，破坏机体的正常生理功能而引起机体功能性或器质性病变。这种伤害对个体或动植物种群来说，往往因难于恢复原来的状态而造成持续性的或者永久性的不良影响和危害。

（5）危害的累积性。有毒有害物质在环境中的化学、生物或物理化学的变化不但可能使更多的环境要素遭受污染，而且存在着转变成毒性更大的二次污染物的可能，因此具有危害的累积性和长期性。由于造成环境污染事故的有毒有害物质往往难以全部清除而无法完全恢复原先的环境状态，因而需要大量、长期的投入。

（6）处理处置的艰巨性。由于突发性环境污染事故涉及的污染因素较多，发生突然，一次排放量较大，危害强度大；而处理处置这类事故又必须快速及时，措施得当有效，因而对突发性污染事故的监测、处理处置比一般的环境污

---

① 隋鲁智，吴庆东，郝文. 环境监测技术与实践应用研究［M］. 北京：北京工业大学出版社，2018.

染事故的处理更为艰巨、复杂。

二、突发环境事件应急管理

为建立健全突发环境事件应急机制，提高政府应对涉及公共危机的突发环境事件的能力，我国于 2006 年 1 月 24 日发布了《国家突发环境事件应急预案》，此后又制定了多个管理办法和规范，并不断进行完善。

（1）我国环境保护部（现更名为生态环境部）于 2010 年颁布了《突发环境事件应急监测技术规范》（HJ 589—2010）。该标准规定了突发环境事件应急监测的布点与采样、监测项目与相应的现场监测和实验室监测分析方法、监测数据的处理与上报、监测的质量保证等的技术要求是环境应急管理的基本制度和重要技术依据。适用于因生产、经营、储存、运输、使用和处置危险化学品或危险废物以及意外因素或不可抗拒的自然灾害等原因而引发的突发环境事件的应急监测，包括地表水、地下水、大气和土壤环境等的应急监测；不适用于核污染事件、海洋污染事件、涉及军事设施污染事件及生物、微生物污染事件等的应急监测。

（2）为规范突发环境事件应急处置阶段污染损害评估工作，及时确定事件级别，保障人民生命财产和生态环境安全，环境保护部于 2013 年 8 月 2 日发布了《突发环境事件应急处置阶段污染损害评估工作程序规定》。

（3）国务院办公厅于 2014 年 12 月 29 日正式印发了新修订的《国家突发环境事件应急预案》，其内容包括总则、组织指挥体系、监测预警和信息报告、应急响应、后期工作、应急保障、附则等。环境保护部于 2015 年 1 月 9 日向各地环境保护主管部门印发了《企业事业单位突发环境事件应急预案备案管理办法（试行）》。该办法规定企业的环境应急预案要体现自救互救、信息报告和先期处置等特点，侧重明确现场组织指挥机制、应急队伍分工、信息报告、监测预警、不同情景下的应对流程和措施、应急资源保障等内容。

（4）环境保护部于 2015 年 3 月 19 日印发了《突发环境事件应急管理办法》。该办法明确了环保部门和企业事业单位在突发环境事件应急管理工作中的职责定位，从风险控制、应急准备、应急处置和事后恢复四个环节构建全过程突发环境事件应急管理体系，规范工作内容，理顺工作机制，并根据突发事件应急管理的特点和需求，设置了信息公开专章。

三、突发环境事件的应急预案

（一）适用范围

新修订的《国家突发环境事件应急预案》适用范围如图 5-1 所示。需要注意的是，"核设施及有关核活动发生的核事故所造成的辐射污染事件、海上溢油事件、船舶污染事件的应对工作按照其他相关应急预案规定执行。重污染天气应对工作按照国务院《大气污染防治行动计划》等有关规定执行"。[①]

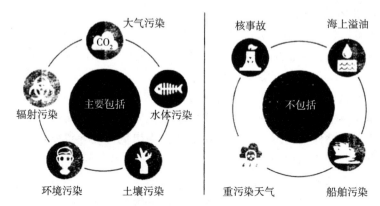

图5-1 《国家突发环境事件应急预案》适用范围

（二）组织指挥

1. 国家层面组织指挥机构

生态环境部负责重特大突发环境事件应对的指导协调和环境应急的日常监督管理工作。根据突发环境事件的发展态势及影响，生态环境部或省级人民政府可报请国务院批准，或根据国务院指示成立国务院工作组，负责指导、协调、督促有关地区和部门开展突发环境事件应对工作。必要时，成立国家环境应急指挥部，由国务院领导担任总指挥，统一领导、组织和指挥应急处置工作。国务院办公厅履行信息汇总和综合协调职责，发挥运转枢纽作用。

2. 地方层面组织指挥机构

县级以上地方人民政府负责本行政区域内的突发环境事件应对工作，明确相应组织指挥机构。跨行政区域的突发环境事件应对工作，由各有关行政区域人民政府共同负责，或由有关行政区域共同的上一级地方人民政府负责。对需要国家层面协调处置的跨省级行政区域突发环境事件，由有关省级人民政府向国务院提出请求，或由有关省级环境保护主管部门向生态环境部提出请求。地方有关部门按照职责分工，密切配合，共同做好突发环境事件应对工作。

3. 现场指挥机构

现场指挥机构负责突发环境事件应急处置的，人民政府根据需要成立现场指挥部，负责现场组织指挥工作，参与现场处置的有关单位和人员要服从现场

---

① 隋鲁智，吴庆东，郝文. 环境监测技术与实践应用研究［M］. 北京：北京工业大学出版社，2018.

指挥部的统一指挥。

(三)监测预警和信息报告

1. 监测和风险分析

各级环境保护主管部门及其他有关部门要加强日常环境监测，并对可能导致突发环境事件的风险信息加强收集、分析和研判。安全监管、交通运输、公安、住房城乡建设、水利、农业、卫生计生、气象等有关部门按照职责分工，应当及时将可能导致突发环境事件的信息通报同级环境保护主管部门。企业、事业单位和其他生产经营者应当落实环境安全主体责任，定期排查环境安全隐患，开展环境风险评估，健全风险防控措施。当出现可能导致突发环境事件的情况时，要立即报告当地环境保护主管部门。

2. 预警信息发布

地方环境保护主管部门研判可能发生突发环境事件时，应当及时向本级人民政府提出预警信息发布建议，同时通报同级相关部门和单位。建议按照事件发生的可能性大小、紧急程度和可能造成的危害程度，将预警分为蓝色、黄色、橙色和红色四级事件，即特别重大突发环境事件、重大突发环境事件、较大突发环境事件和一般突发环境事件，每一级都对应有相应的标准，具体可查阅《国家突发环境事件应急预案》。地方人民政府或其授权的相关部门及时通过电视、广播、报纸、互联网、手机短信、当面告知等渠道或方式向本行政区域公众发布预警信息，并通报可能影响的相关地区。上级环境保护主管部门要将监测到的可能导致突发环境事件的有关信息及时通报可能受影响地区的下一级环境保护主管部门。

3. 预警行动

（1）分析研判。组织有关部门和机构、专业技术人员及专家及时对预警信息进行分析研判，预估可能的影响范围和危害程度。

（2）防范处置。迅速采取有效处置措施，控制事件苗头。在涉险区域设置注意事项提示或事件危害警告标志，利用各种渠道增加宣传频次，告知公众避险和减轻危害的常识，需采取的必要的健康防护措施。

（3）应急准备。提前疏散、转移可能受到危害的人员，并进行妥善安置。责令应急救援队伍、负有特定职责的人员进入待命状态，动员后备人员做好参加应急救援和处置工作的准备，并调集应急所需物资和设备，做好应急保障工作。对可能导致突发环境事件发生的相关企业、事业单位和其他生产经营者加强环境监管。

（4）舆论引导。及时准确发布事态最新情况，公布咨询电话，组织专家解读。加强相关舆情监测，做好舆论引导工作。

此外，还应当根据事态发展情况和采取措施的效果适时调整预警级别。当判断不可能发生突发环境事件或者危险已经消除时，宣布解除预警，适时终止相关措施。

4. 信息报告与通报

突发环境事件发生后，涉事企业、事业单位或其他生产经营者必须采取应对措施，并立即向当地环境保护主管部门和相关部门报告，同时通报可能受到污染危害的单位和居民。因生产安全事故导致突发环境事件的，安全监管等有关部门应当及时通报同级环境保护主管部门。环境保护主管部门通过互联网信息监测、环境污染举报热线等多种渠道，加强对突发环境事件的信息收集，及时掌握突发环境事件发生情况。

事发地环境保护主管部门接到突发环境事件信息报告或监测到相关信息后，应当立即进行核实，对突发环境事件的性质和类别做出初步认定，按照国家规定的时限、程序和要求向上级环境保护主管部门和同级人民政府报告，并通报同级其他相关部门。突发环境事件已经或者可能涉及相邻行政区域的，事发地人民政府或环境保护主管部门应当及时通报相邻行政区域同级人民政府或环境保护主管部门。地方各级人民政府及其环境保护主管部门应当按照有关规定逐级上报，必要时可越级上报。

（四）应急响应

1. 响应分级

根据突发环境事件的严重程度和发展态势，将应急响应设定为Ⅰ级、Ⅱ级、Ⅲ级和Ⅳ级四个等级。初判发生特别重大、重大突发环境事件，分别启动Ⅰ级、Ⅱ级应急响应，由事发地省级人民政府负责应对工作；初判发生较大突发环境事件，启动Ⅲ级应急响应，由事发地设区的市级人民政府负责应对工作；初判发生一般突发环境事件，启动Ⅳ级应急响应，由事发地县级人民政府负责应对工作。

突发环境事件发生在易造成重大影响的地区或重要时段时，可适当提高响应级别。应急响应启动后，可视事件损失情况及其发展趋势调整响应级别，避免响应不足或响应过度。

2. 响应程序

突发性环境污染事故一旦发生，必须尽快进行有效应急处理，最大限度地将事故损失减到最小。为了能够让整个事故的应急处理措施做到井然有序，需要建立突发性环境污染事故应急程序（图 5-2）。①

3. 响应措施

（1）现场污染处置。涉事企业、事业单位或其他生产经营者要立即采取关

---

① 隋鲁智，吴庆东，郝文．环境监测技术与实践应用研究［M］．北京：北京工业大学出版社，2018.

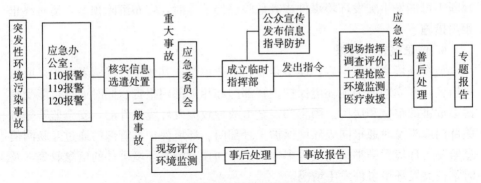

图5-2　突发性环境污染事故应急程序

闭、停产、封堵、围挡、喷淋、转移等措施，切断和控制污染源，防止污染蔓延扩散，做好有毒有害物质和消防废水、废液等的收集、清理和安全处置工作。当涉事企业、事业单位或其他生产经营者不明时，由当地环境保护主管部门组织对污染来源开展调查，查明涉事单位，确定污染物种类和污染范围，切断污染源。

事发地人民政府应组织制订综合治污方案，采用监测和模拟等手段追踪污染气体扩散途径和范围；采取拦截、导流、疏浚等形式防止水体污染扩大；采取隔离、吸附、打捞、氧化还原、中和、沉淀、消毒、去污洗消、临时收贮、微生物消解、调水稀释、转移异地处置、临时改造污染处置工艺或临时建设污染处置工程等方法处置污染物。必要时，要求其他排污单位停产、限产、限排，减轻环境污染负荷。

（2）转移安置人员。根据突发环境事件影响及事发当地的气象、地理环境、人员密集度等，建立现场警戒区、交通管制区域和重点防护区域，确定受威胁人员疏散的方式和途径，有组织、有秩序地及时疏散转移受威胁人员和可能受影响地区的居民，确保生命安全。妥善做好转移人员安置工作，确保有饭吃、有水喝、有衣穿、有住处和必要的医疗条件。

（3）组织医学救援。迅速组织当地医疗资源和力量，对伤病员进行诊断治疗，根据需要及时、安全地将重症伤病员转运到有条件的医疗机构加强救治。指导和协助开展受污染人员的去污洗消工作，提出保护公众健康的措施建议。视情况增派医疗卫生专家和卫生应急队伍、调配急需医药物资，支持事发地医学救援工作，做好受影响人员的心理援助。

（4）开展应急监测。加强大气、水体、土壤等应急监测工作，根据突发环境事件的污染物种类、性质以及当地自然、社会环境状况等，明确相应的应急监测方案及监测方法，确定监测的布点和频次，调配应急监测设备、车辆，及时准确监测，为突发环境事件应急决策提供依据。

（五）后期工作和应急保障

1. 后期工作

后期处置工作分为损害评估、事件调查、善后处置三部分内容。突发环境事件应急响应终止后，要及时组织开展污染损害评估，并将评估结果向社会公布。评估结论将作为事件调查处理、损害赔偿、环境修复和生态恢复重建的依据。突发环境事件发生后，根据有关规定，由环境保护主管部门牵头，可会同监察机关及相关部门，组织开展事件调查，查明事件原因和性质，提出整改防范措施和处理建议。

2. 应急保障

应急保障包括队伍保障、物资与资金保障、通信保障、交通与运输保障和技术保障。国家环境应急监测队伍、公安消防部队、大型国有骨干企业应急救援队伍及其他相关方面应急救援队伍等力量，要积极参加突发环境事件应急监测、应急处置与救援、调查处理等工作任务，要发挥国家环境应急专家组作用，为重特大突发环境事件应急处置方案制订、污染损害评估和调查处理工作提供决策建议。县级以上地方人民政府要强化环境应急救援队伍能力建设，加强环境应急专家队伍管理，提高突发环境事件快速响应及应急处置能力。要建立健全突发环境事件应急通信保障体系，确保应急期间通信联络和信息传递需要。

此外，按照《国家突发环境事件应急预案》管理的要求，生态环境部要会同有关部门组织做好预案宣传、培训和演练工作，地方各级人民政府要结合当地实际制订和修订本区域突发环境事件应急预案。需要指出的是，近年来，生态环境部制定和修订了《突发环境事件应急处置阶段污染损害评估工作程序规定》《环境损害评估推荐方法（第二版）》《突发环境事件应急处置阶段污染损害评估推荐方法》《突发环境事件调查处理办法》《关于环境污染责任保险工作的指导意见》等，实践上可结合《国家突发环境事件应急预案》一并贯彻。

第二节　突发环境事件应急监测

一、应急监测概述

（一）应急监测的任务和内容

应急监测是一种特定目的的监测，它要求监测人员在第一时间到达事故现场，按预案顺序开展工作，通过现场了解并用小型便携、快速检测仪器或装置，在尽可能短的时间内判断和测定污染物的种类、污染物的浓度、污染范围、扩散速度及危害程度，为上级领导决策提供科学依据。

（二）应急监测的原则

应急监测的原则应该包括预防与应急监测：事先防止污染事故的发生概

率；成立应急事故组织机构，在组织、人员、装备、技术、资金等方面充分落实，做好各种情况下的多种预案；一旦发生事故，能在最短时间内携带装备到达现场，根据事故现场实际决定监测方案，以最快速度确定污染物种类、数量、浓度以及扩散范围，为处置决策提供科学依据，将损失降至最低。

二、布点与采样

(一) 布点

1. 布点原则

采样断面（点）的设置一般以突发环境事件发生地及其附近区域为主，同时必须注重人群和生活环境，重点关注对饮用水水源地、人群活动区域的空气、农田土壤等区域的影响，并合理设置监测断面（点），以掌握污染发生地状况、反映事故发生区域环境的污染程度和范围。

应对被突发环境事件所污染的地表水、地下水、大气和土壤设置对照断面（点）、控制断面（点），还应对地表水和地下水设置消减断面，尽可能以最少的断面（点）获取足够的有代表性的所需信息，同时须考虑采样的可行性和方便性。

2. 布点方法

根据污染现场的具体情况和污染区域的特性进行布点（表 5-1）。

对于固定污染源和流动污染源的监测布点，应根据现场的具体情况、产生污染物的不同工况（部位）或不同容器分别布设采样点。

江河的监测应在事故发生地及其下游布点，同时在事故发生地上游一定距离布设对照断面（点）；如江河水流的流速很小或基本静止，可根据污染物的特性在不同水层采样；在事故影响区域内饮用水取水口和农灌区取水口处必须设置采样断面（点）。

湖（库）的采样点布设应以事故发生地为中心，按水流方向在一定间隔的扇形或圆形布点，并根据污染物的特性在不同水层采样，同时根据水流流向，在其上游适当距离布设时，在湖（库）出水口和饮用水取水口处设置采样断面（点）。

表 5-1　采样断面的设置和布点方法

监测类型	控制断面	消减断面	对照断面	特殊断面	布点方法
江河	√	√	√	饮用水取水口、农灌区取水口	根据现场具体情况布点
湖（库）	√	√	√	出水口、饮用水取水口	按水流方向在一定间隔的扇形或圆形布点

（续）

监测类型	控制断面	消减断面	对照断面	特殊断面	布点方法
地下水	√	√	√	饮用水取水处	根据水的流向采用网格法或辐射法布点
大气	√		√	居民区、人群活动区	下风向按一定间隔的扇形或圆形布点
土壤	√		√	作物样品	按一定间隔的圆形布点、不同深度采样

地下水的监测应以事故地点为中心，根据本地区地下水流向采用网格法或辐射法布设监测井采样，同时视地下水为主要补给来源，在垂直于地下水流的上方向，设置对照监测井采样；在以地下水为饮用水源的取水处必须设置采样点。

大气的监测应以事故地点为中心，在下风向按一定间隔的扇形或圆形布点，并根据污染物的特性在不同高度采样，同时在事故点的上风向适当位置布设对照点；在可能受污染影响的居民住宅区或人群活动区等敏感点必须设置采样点，采样过程中应注意风向变化，及时调整采样点位置。

土壤的监测应以事故地点为中心，按一定间隔的圆形布点采样，并根据污染物的特性在不同深度采样，同时采集对照样品，必要时在事故地附近采集作物样品。

（二）采样

1. 采样前的准备

（1）采样计划。应根据突发环境事件应急监测预案初步制订有关采样计划，包括布点原则、监测频次、采样方法、监测项目、采样人员及分工、采样器材、安全防护设备、必要的简易快速检测器材等。必要时，根据事故现场具体情况制订更详细的采样计划。

（2）采样器材。采样器材主要是指采样器和样品容器，常见的器材材质及洗涤要求可参照相应的水、大气和土壤监测技术规范，有条件的应专门配备一套用于应急监测的采样设备。此外，还可以利用当地的水质或大气自动在线监测设备进行采样。

2. 采样方法及采样量

具体的采样方法及采样量要求直接参照相关技术规范等材料。应急监测通常采集瞬时样品，采样量根据分析项目及分析方法确定，采样量还应满足留样要求。污染发生后，应首先采集污染源样品，注意采样的代表性。具体采样方法及采样量可参照地表水和污水监测技术规范、地下水环境监测技术规范、环境空气质量手工监测技术规范、环境空气质量自动监测技术规范、大气污染物无组织排放监测技术导则和土壤环境监测技术规范等。

3. 采样范围或采样断面

采样人员到达现场后，应根据事故发生地的具体情况，迅速划定采样、控制区域，按布点方法进行布点，确定采样断面（点）。

4. 采样频次

采样频次主要根据现场污染状况确定。一般在事故刚发生时，适当增加采样频次，待摸清污染物变化规律后，则可以减少采样的频次。依据不同的环境区域功能和事故发生地的污染实际情况，力求以最低的采样频次，取得最有代表性的样品，既满足反映环境污染程度、范围的要求，又切实可行。

5. 采样注意事项

根据污染物特性（密度、挥发性、溶解度等），决定是否进行分层采样。根据污染物特性（有机物、无机物等），选用不同材质的容器存放样品。采水样时不可搅动水底沉积物，如有需要，同时采集事故发生地的底质样品。采气样时不可超过所用吸附管或吸收液的吸收限度。采集样品后，应将样品容器盖紧、密封，贴好样品标签，样品标签的内容至少应包含样品编号、采样地点、监测项目（如可能）、采样时间、采样人等信息。采样结束后，应核对采样计划、采样记录与样品，如有错误或漏采，应立即重采或补采。

6. 现场采样记录

现场采样记录是突发环境事件应急监测的第一手资料，必须如实记录并在现场完成，要求内容全面，可充分利用常规例行监测表格进行规范记录，至少应包括如下信息：事故发生的时间和地点，污染事故单位名称、联系方式，现场示意图，如有必要，对采样断面（点）及周围情况进行现场录像和拍照，特别注明采样断面（点）所在位置的标志性特征物，如建筑物、桥梁等名称；监测实施方案，包括监测项目（如可能）、采样断面（点位）、监测频次、采样时间等；事故发生现场描述及事故发生的原因；必要的水文气象参数（如水温、水流流向、流量，气温、气压，风向、风速等）；可能存在的污染物名称、流失量及影响范围（程度）；如有可能，简要说明污染物的有害特性；尽可能收集与突发环境事件相关的其他信息，如盛放有毒有害污染物的容器、标签等信息，尤其是外文标签等信息，以便核对；采样人员及校核人员的签名。

7. 跟踪监测采样

跟踪监测是指为掌握污染程度、范围及变化趋势，在突发环境事件发生后所进行的监测。污染物质进入周围环境后，随着稀释、扩散和降解等作用，其浓度会逐渐降低。为了掌握事故发生后的污染程度、范围及变化趋势，常需要进行连续的跟踪监测，直至环境恢复正常或达标。在污染事故责任不清的情况下，可采用逆向跟踪监测和确定特征污染物的方法，追查确定污染来源或事故责任者。

8. 采样的质量保证

采样人员必须经过培训持证上岗，能切实掌握环境污染事故采样布点技术，熟知采样器具的使用和样品采集（富集）、固定、保存、运输条件。采样仪器应在校准周期内使用，进行日常的维护、保养，确保仪器设备始终保持良好的技术状态，仪器离开实验室前应进行必要的检查。采样的其他质量保证措施可参照相应的监测技术规范执行。

三、现场监测

（一）监测仪器设备确定和准备

监测仪器设备应能快速鉴定、鉴别污染物，并能给出定性、半定量或定量的检测结果，直接读数，使用方便，易于携带，对样品的前处理要求低。可根据本地实际和全国环境监测站建设标准要求，配置常用的现场监测仪器设备，如检测试纸、快速检测管和便携式监测仪器等快速检测仪器设备。需要时，配置便携式气相色谱仪、便携式红外光谱仪、便携式气相色谱、质谱分析仪等应急监测仪器。

（二）现场监测项目和分析方法

凡具备现场测定条件的监测项目，应尽量进行现场测定。必要时，另采集一份样品送实验室分析测定，以确认现场的定性或定量分析结果。检测试纸、快速检测管和便携式监测仪器的使用方法可参照相应的使用说明，使用过程中应注意避免其他物质的干扰。用检测试纸、快速检测管和便携式监测仪器进行测定时，应至少连续平行测定两次，以确认现场测定结果；必要时，送实验室用不同的分析方法对现场监测结果加以确认、鉴别。用过的检测试纸和快速检测管应妥善处置。

（三）现场监测记录

现场监测记录是报告应急监测结果的依据之一，应按格式规范记录，保证信息完整，可充分利用常规例行监测表格进行规范记录，主要包括环境条件、分析项目、分析方法、分析日期、样品类型、仪器名称、仪器型号、仪器编号、测定结果、监测断面（点位）示意图、分析人员、校核人员、审核人员签名等；根据需要并在可能的情况下，同时记录风向、风速，水流流向、流速等气象水文信息。

（四）现场监测的质量保证

应定期对用于应急监测的便携式监测仪器进行检定、校准或核查，并进行日常维护、保养，确保仪器设备始终保持良好的技术状态；仪器使用前需进行检查。检测试纸、快速检测管等应按规定的保存要求进行保管，并保证在有效期内使用。应定期用标准物质对检测试纸、快速检测管等进行使用性能检查，如有效期为一年，至少半年应进行一次。

（五）采样和现场监测安全防护

进入突发环境事件现场的应急监测人员，必须注意自身的安全防护，对事故现场不熟悉、不能确认现场安全或不按规定佩戴必需的防护设备（如防护服、防毒呼吸器等），未经现场指挥、警戒人员许可，不应进入事故现场进行采样监测。

应根据当地的具体情况，配备必要的现场监测人员安全防护设施。常用的安全防护设施有：

（1）测爆仪，一氧化碳、硫化氢、氯化氢、氯气、氨等现场测定仪等。

（2）防护服，防护手套，胶靴等防酸碱、防有机物渗透的各类防护用品。

（3）各类防毒面具、防毒呼吸器（带氧气呼吸器）及常用的解毒药品。

（4）防爆应急灯、醒目安全帽、带明显标志的小背心（色彩鲜艳且有荧光反射物）、救生衣、防护安全带（绳）、呼救器等。

采样和现场监测安全事项包括：应急监测，至少两人同行，进入事故现场进行采样监测，应经现场指挥、警戒人员许可，在确认安全的情况下，按规定佩戴必需的防护设备（如防护服、防毒呼吸器等）；进入易燃易爆事故现场的应急监测车辆应有防火、防爆安全装置，应使用防爆的现场应急监测仪器设备（包括附件，如电源等）进行现场监测，或者在确认安全的情况下使用现场应急监测仪器设备进行现场监测；进入水体或登高采样，应穿戴救生衣或佩戴防护安全带（绳）等。

四、样品管理

（一）样品标志

样品应以一定的方法进行分类，如可按环境要素或其他方法进行分类，并在样品标签和现场采样记录单上记录相应的唯一性标志。样品标志至少应包含样品编号、采样地点、监测项目（如可能）、采样时间、采样人等信息。对有毒有害、易燃易爆样品特别是污染源样品应用特别标志（如图案、文字）加以注明。

（二）样品保存

除现场测定项目外，对需送实验室进行分析的样品，应选择合适的存放容器和样品保存方法进行存放和保存。根据不同样品的性状和监测项目，选择合适的容器存放样品。选择合适的样品保存剂和保存条件等，尽量避免样品在保存和运输过程中发生变化。对易燃易爆及有毒有害的应急样品，必须分类存放，保证安全。

（三）样品的运送和交接

对需送实验室进行分析的样品，立即送实验室进行分析，尽可能缩短运输时间，避免样品在保存和运输过程中发生变化。对易挥发性的化合物或高温不稳定的化合物，注意降温保存运输，在条件允许情况下可用车载冰箱或机制冰块降温保存，还可采用食用冰或大量深井水（湖水）、冰凉泉水等临时降温措施。样品运输前应将样品容器内、外盖（塞）盖（塞）紧。装箱时应用泡沫塑料等分隔，以防样品破损和倒翻。每个样品箱内应有相应的样品采样记录单或送样清单，应有专门人员运送样品，如非采样人员运送样品，则采样人员和运送样品人员之间应有样品交接记录。

将样品交实验室时，双方应有交接手续，双方核对样品编号、样品名称、样品性状、样品数量、保存剂加入情况、采样日期、送样日期等信息，双方确认无误后在送样单或接样单上签字。

对有毒有害、易燃易爆或性状不明的应急监测样品，特别是污染源样品，送样人员在送实验室时应告知接样人员或实验室人员样品的危险性，接样人员同时向实验室人员说明样品的危险性，实验室分析人员在分析时应注意安全。

（四）样品的处置

对应急监测样品应留样，直至事故处理完毕。对含有剧毒或大量有毒、有害化合物的样品，特别是污染源样品，不应随意处置，应做无害化处理或送有资质的处理单位进行无害化处理。

（五）样品管理的质量保证

应保证样品从采集、保存、运输、分析、处置的全过程都有记录，确保样品管理处在受控状态。样品在采集和运输过程中应防止样品被污染及样品对环境的污染。运输工具应合适，运输中应采取必要的防震、防雨、防尘、防爆等措施，以保证人员和样品的安全。实验室接样人员接收样品后应立即送检测人员进行分析。

五、监测项目和分析方法

（一）监测项目的确定

（1）已知污染物的突发环境事件监测项目的确定。根据已知污染物确定主要监测项目，同时应考虑该污染物在环境中可能产生的反应，衍生成其他有毒有害物质。

对固定源引发的突发环境事件，通过对引发突发环境事件固定源单位的有关人员（如管理、技术人员和使用人员等）的调查询问，以及对引发突发环境事件的位置、所用设备、原辅材料、生产的产品等的调查，同时采集有代表性的污染源样品，确认主要污染物和监测项目。

对流动源引发的突发环境事件，通过对有关人员（如货主、驾驶员、押运员等）的询问以及运送危险化学品或危险废物的外包装、准运证、押运证、上岗证、驾驶证、车号（或船号）等信息，调查运输危险化学品的名称、数量、来源、生产或使用单位，同时采集有代表性的污染源样品，鉴定和确认主要污染物和监测项目。

（2）未知污染物的突发环境事件监测项目的确定。可通过污染事故现场的一些特征，如气味、挥发性、遇水的反应特性、颜色及对周围环境、农作物的影响等，初步确定主要污染物和监测项目；如发生人员或动物中毒事故，可根据中毒反应的特殊症状，初步确定主要污染物和监测项目；还可以通过事故现场周围可能产生污染的排放源的生产、环保、安全记录，初步确定主要污染物和监测项目。

可利用空气自动监测站、水质自动监测站和污染源在线监测系统等现有的仪器设备监测，确定主要污染物和监测项目。可通过现场采样分析，包括采集有代表性的污染源样品，利用试纸、快速检测管和便携式监测仪器等现场快速分析手段，确定主要污染物和监测项目。还可通过采集样品，包括采集有代表性的污染源样品，送实验室分析后，确定主要污染物和监测项目。

（二）分析方法

为迅速查明突发环境事件污染物的种类（或名称）、污染程度和范围以及污染发展趋势，在已有调查资料的基础上，充分利用现场快速监测方法和实验室现有的分析方法进行鉴别、确认。为快速监测突发环境事件的污染物，首先可采用如下的快速监测方法。

（1）检测试纸、快速检测管和便携式监测仪器等的监测方法。

（2）现有的空气自动监测站、水质自动监测站和污染源在线监测系统等在用的监测方法。

（3）现行实验室分析方法。

（4）从速送实验室进行确认、鉴别，实验室应优先采用国家环境保护标准或行业标准。

当上述分析方法不能满足要求时，可根据各地具体情况和仪器设备条件，选用其他适宜的方法如 ISO、美国 EPA、日本 JIS 等国外的分析方法。

（三）实验室原始记录及结果表示

1. 实验室原始记录内容

突发环境事件实验室分析的原始记录，是报告应急监测结果的依据，可按常规例行监测格式规范记录，保证信息完整。实验室原始记录要真实及时，不应追记，记录要清晰完整，字迹要端正。如实验室原始记录上数据有误，应采用"杠改法"修改，在其上方写上准确的数字，并在其下方签名或盖章。实验室原始记录要有统一编号，应随监测报告及时、按期归档。

2. 结果表示

突发环境事件应急的监测结果可用定性、半定量或定量的监测结果来表示。定性监测结果可用"检出"或"未检出"来表示，并尽可能注明监测项目的检出限。半定量监测结果可给出所测污染物的测定结果或测定结果范围。定量监测结果应给出所测污染物的测定结果。

（四）实验室质量保证和质量控制

分析人员应熟悉和掌握相关仪器设备和分析方法，持证上岗。用于监测的各种计量器具要按有关规定定期检定，并在检定周期内进行期间核查、定期检查和维护保养，保证仪器设备的正常运转。实验用水要符合分析方法要求，试剂和实验辅助材料要检验合格后投入使用。实验室采购服务应选择合格的供应商。实验室环境条件应满足分析方法要求，需控制温湿度等条件的实验室要配备相应设备，监控并记录环境条件。实验室质量保证和质量控制的具体措施参照相应的技术规范执行。

六、应急监测报告

（一）数据处理

应急监测在污染事故的应急处置中起着举足轻重的作用，保证监测数据的准确性和及时性是事故处理的核心工作。应急监测的数据处理参照相应的监测技术规范执行，数据修约规则按照《数值修约规则与极限数值的表示和判定》的相关规定执行。

（二）应急监测报告

突发环境事件应急监测报告以及时、快速报送为原则。为及时上报突发环境事件应急监测的监测结果，可采用电话，传真，电子邮件，监测快报、简报等形式。应急监测报告的信息要完整，实行三级审核，即数据的一级审核（室主任审核）、数据的二级审核（质控审核）、数据的三级审核（技术负责人审核）。突发环境事件应急监测报告应包括以下内容。

（1）标题名称。

（2）监测单位名称和地址，进行测试的地点（当测试地点不在本站时，应注明测试地点）。

（3）监测报告的唯一编号和每一页与总页数的标志。

（4）事故发生的时间、地点，监测断面（点位）示意图，发生原因，污染来源，主要污染物，污染范围，必要的水文气象参数等。

（5）所用方法的标志（名称和编号）。

（6）样品的描述、状态和明确的标志。

（7）样品采样日期、接收日期、检测日期。

（8）检测结果和结果评价（必要时）。

（9）审核人、授权签字人签字（已通过计量认证/实验室认可的监测项目）等。

（10）计量认证/实验室认可标志（已通过计量认证/实验室认可的监测项目）。

在以多种形式上报的应急监测结果报告中，应以最终上报的正式应急监测报告为准。对已通过计量认证/实验室认可的监测项目，监测报告应符合计量认证/实验室认可的相关要求；对未通过计量认证/实验室认可的监测项目，可按当地环境保护行政主管部门或任务下达单位的要求进行报送。

如可能，应对突发环境事件区域的环境污染程度进行评价，评价标准执行地表水质量标准、地下水质量标准、环境空气质量标准、土壤环境质量标准等相应的环境质量标准。对发生突发环境事件单位所造成的污染程度进行评价，执行相应的污染物排放标准。事故对环境的影响评价，执行相应的环境质量标准。对某种污染物目前尚无评价标准的，可根据当地环境保护行政主管部门、任务下达单位或事故涉及方认可或推荐的方法或标准进行评价。

突发环境事件应急监测结果应以电话、传真、监测快报等形式立即上报，跟踪监测结果以监测简报形式在监测次日报送，事故处理完毕后，应出具应急监测报告。报送范围按当地突发性环境污染事件（故）应急预案要求进行报送。一般突发环境事件监测报告上报当地环境保护行政主管部门及任务下达单位；重大和特大突发环境事件除上报当地环境保护行政主管部门及任务下达单位外，还应报上一级环境监测部门。

七、应急监测预案

突发环境事件现场应急监测是环境监测工作的重要组成部分。为了强化各级环境监测站对突发环境事件的应急监测能力，及时掌握突发环境事件的现状，各地应建立健全相应的组织机构，落实应急监测人员和配备应急监测设备，各地可根据应急预案编制提纲，编制适合当地实际情况的突发环境事件应急监测预案。

应急监测一般按照应急监测预案启动后规定的应急监测工作基本程序开展。突发环境事件应急监测预案编制提纲的内容一般包括适用范围、组织机构与职责分工，应急监测仪器配置，应急监测工作基本程序、应急监测工作网络图、应急监测工作流程图（包括数据上报），应急监测质量控制要求及流程图，应急监测方案制订的基本原则，应急监测技术支持系统，应急监测防护装备、通信设备及后勤保障体系等。

　　应按各级环境监测站在本管辖区域应急监测网络内的职责分工，确定网络内各级组织的机构组成及职责分工，同时应绘制相应的组织机构框图以及提供相关人员的联系方法。对在区域之间（如省与省、市与市之间）发生的突发环境事件，应由上级环境监测站负责协调、组织实施应急监测。

　　预案中应急监测工作基本程序的编制至少应包括应急监测工作网络运作程序、具体工作程序和质量保证工作程序（图5-3）三方面的内容，可以用流程图的形式表示。预案应明确应急监测方案的制订责任人员、应急监测方案中所应包括的基本内容等。

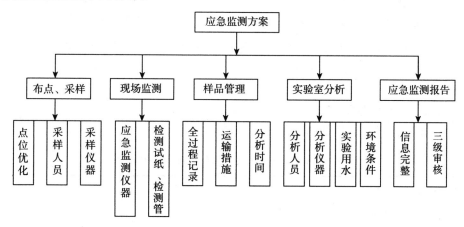

图5-3　应急监测质量保证工作程序

　　为提高应急监测预案的科学性及可操作性，各级环境监测站应尽可能按下列内容编制应急监测技术支持系统，并不断地完善。其内容主要包括国家相应法律、规范支持系统，环境监测技术规范支持系统，当地危险源调查数据库支持系统，各类化学品基本特性数据库支持系统，常见突发环境事件处置技术支持系统，专家支持系统，应急监测防护装备、通信设备及后勤保障体系等。

　　预案应明确后勤保障体系的构成及人员责任分工，规定应急监测防护和通信装备的种类和数量，统一分类编目，并对放置地点和保管人进行明确规定。

第三节　简易监测技术在应急监测中的应用

一、简易比色法

（一）溶液比色法

　　在水质分析中，较清洁的地表水和地下水色度的测定、pH的测定及某些金属离子和非金属离子的测定可采用此方法。在空气污染监测中，使待测空气通过对待测物质具有吸收兼显色作用的吸收液，则待测物质与吸收液迅速发生显色反应，由其颜色的深度与标准色列比较可以进行定量，溶液比色法测定空气污染物时所用主要试剂及颜色变化见表 5-2。[①]

表 5-2　溶液比色法测定空气污染物时所用主要试剂及颜色变化

被测物质	所用主要试剂	颜色变化
氮氧化物	对氨基苯磺酸、盐酸萘乙二胺	无色→玫瑰红色
二氧化硫	品红、甲醛、硫酸	无色→紫色
硫化氢	硝酸银、淀粉、硫酸	无色→黄褐色
氟化氢	硝酸锆、茜素磺酸钠	紫色→黄色
氨	氯化汞、碘化钾、氢氧化钠	红色→棕色
苯	甲醛、硫酸	无色→橙色

（二）试纸比色法

试纸比色法的显色剂和颜色变化如表 5-3 所示。

表 5-3　试纸比色法的显色剂和颜色变化

被测物质	试纸比色试剂	颜色变化
一氧化碳	氯化钯	白色→黑色
二氧化硫	亚硝基五氰络铁酸钠＋硫酸锌	浅玫瑰色→砖红色
二氧化氮	邻甲联苯胺（或联苯胺）	白色→黄色
光气	（1）二甲基苯胺＋对二甲氨基苯甲醛＋邻苯甲酸二乙酯	白色→蓝色
	（2）硝基苯甲基吡啶＋苯胺	白色→砖红色
硫化氢	醋酸铅	白色→褐色
氟化氢	对二甲氨基偶氮苯胂酸	棕色→红色
氯化氢	甲基橙	黄色→红色
臭氧	邻甲联苯胺	白色→蓝色
汞	碘化亚铜	奶黄色→玫瑰红色
铅	玫瑰红酸钠	白色→红色
二氧化锰	P,P′-四甲基二氨基二苯甲烷＋过碘酸钾	紫色→蓝色

① 邹美玲，王林林．环境监测与实训［M］．北京：冶金工业出版社，2017.

（三）植物酯酶片法

植物酯酶片法可用来测定蔬菜、水果上的有机磷农药，酶片由胆碱酯酶固定在纤维素膜上制成，测定时将其碾碎加入浸泡液中，混匀并振荡数次。当蔬菜、水果样品浸泡液中不含有机磷农药时，则依次加入酶片和底物后，底物迅速分解，样品浸泡液很快由橙色变为蓝色；否则，酶片受有机磷农药抑制，底物分解变慢或不分解，导致浸泡液在较长时间内保持橙色不变或呈浅蓝色。

（四）人工标准色列

人工标准色列是按照溶液或试纸与被测物质反应所呈现的颜色，用不易褪色的试剂或有色塑料制成的对应于不同被测物质浓度的色阶。前者为溶液型色列，后者为固体型色列。

固体型色列可用明胶、硝化纤维素、有机玻璃等作原料，用适当溶剂溶解成液体后，加入不同颜色和不同量的染料，按照标准色列颜色要求调配成色阶，倾入适合的模具中，再将溶剂挥发掉，制成人工比色柱或比色板。

二、检气管法

检气管法的工作原理是：将用适当试剂浸泡过的多孔颗粒状载体填充于玻璃管中制成，当被测气体以一定流速通过此管时，被测组分与试剂发生显色反应，根据生成有色化合物的颜色深度或填充柱的显色长度确定被测气体的浓度。

检气管法适用于测定空气中的气态或蒸气态物质，但不适合测定形成气溶胶的物质。该方法具有现场使用简便、测定快速、便于携带并有一定准确度等优点。每种检气管有一定测定范围、采气体积、抽气速度和使用期限，须严格按规定操作才能保证测定准确度。

（一）载体的选择与处理

载体的作用、性质和常用品类如图 5-4 所示。

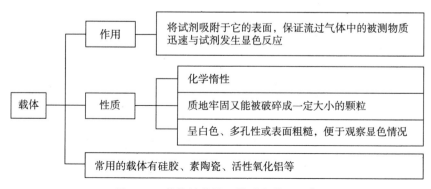

图 5-4　载体的作用、性质和常用品类

（二）检气管玻璃管的封装

检气管玻璃管的封装方法如图 5-5 所示。

图 5-5　检气管玻璃管的封装方法

（三）检气管的标定

检气管一般采用浓度标尺法标定。[①]

这种方法适用于对管径相同的检气管进行标定。任意选择 5～10 支新制成的检气管（图 5-6），用注射器分别抽取规定体积的 5～7 种不同浓度的标准气样，按规定速度分别推进或抽入检气管中，反应显色后测量各管的变色柱长度，一般每种浓度重复操作几次，取其平均值。以浓度对变色柱长度绘制标准曲线（图 5-7）。根据标准曲线取整数，浓度的变色柱长度制成浓度标尺，供现场使用。

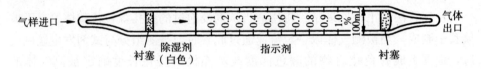

图 5-6　商品检气管

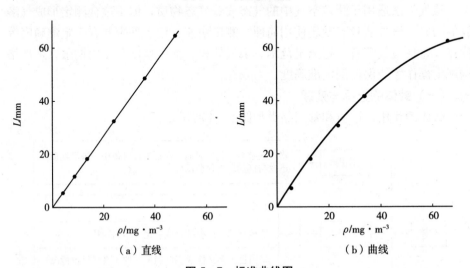

图 5-7　标准曲线图

---

① 邹美玲，王林林. 环境监测与实训［M］. 北京：冶金工业出版社，2017.

目前已制出数十种有害气体的检气管,可用于测定大气和作业环境空气中有毒、有害气体,也可以用于测定废水中挥发性的有害物质。

(四)检气管的抽气装置

最常用的抽气装置是 100mL 注射器。需要抽取较大体积的气样时,在注射器和检气管之间接一个三通阀,通过切换三通阀,可分次抽取 100mL 以上的气样,还可以用抽气泵自动采样。测定时最好使用与标定时同类型的抽气装置,以减少误差。

三、环炉技术

环炉技术是将水样滴于圆形滤纸的中央,以适当的溶剂冲洗滤纸中央的微量试样,借助于滤纸的毛细管效应,利用冲洗过程中可能发生沉淀、萃取或离子交换等作用,将试样中的待测组分选择性地洗出,并通过环炉仪加热而浓集在外圈,然后用适当的显色试剂进行显色,从而达到分离和测定的目的。这是一种特殊类型的点滴分析,具有设备简单、成本低廉、便于携带、灵敏度较高和有一定准确度等优点,已成功地用于冶金、地质、生化、临床、法医及环境污染等方面的分析检测。

(一)基本原理

环炉技术是利用纸上层析作用对欲测组分进行分离、浓缩和定性、定量的过程。

滴于滤纸上的试样中的各组分,由于在冲洗液(流动相)中的迁移速度不同而彼此分开(图5-8),也可以利用沉淀物质在不同溶剂中溶解度的差异进行分离。[①]

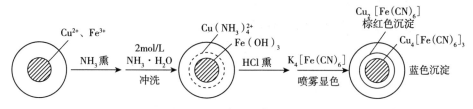

图 5 - 8 Cu^{2+}、Fe^{3+} 分离示意

(二)环境监测应用

据有关资料报道,用环炉法能分析空气和水体中 30 余种污染物质。例如,空气中二氧化硫、氮氧化物、硫酸雾、氯化氢、氟化氢和氯气等的测定;空气和水体中铅、汞、铜、铍、锌、镉、锰、铁、钴、镍、钒、锑、铝、银、硒、

---

① 邹美玲,王林林.环境监测与实训 [M].北京:冶金工业出版社,2017.

砷、氰化物、硫化物、硫酸盐、亚硝酸盐、硝酸盐、磷酸盐、氯化物、氟化物、钙、镁、咖啡碱和放射性核素^{40}Sr 等的测定。

第四节 环境质量监测保证

一、实验室及监测人员的基本要求

(一) 实验室的基本要求

(1) 实验室应有一个较好的清洁、安静的环境。

(2) 实验室的水、电、安全设施齐全。

(3) 实验室须配备监测所必需的基本仪器、设备，如分析天平、仪器及装置，各种玻璃量器和器皿。

(4) 实验室应配有各种规格的化学试剂、标准物质等。

(5) 应专门配备天平室、标准室。

(6) 各种量器、仪器、流量计等应按规定进行定期校准。

(7) 保证仪器设备正常运转。

(二) 监测人员的基本要求

(1) 至少是具有中等文化程度的专业技术人员。

(2) 须经过环境监测培训合格。

(3) 具有严谨、求实的科学作风。

(4) 具有良好的职业道德。

二、环境监测质量保证

(一) 采样的质量保证

采样过程的质量控制主要包括以下 5 个方面。

(1) 审查采样点的设置和采样时段选择的合理性和代表性。

(2) 采样器、流速和定时器是否经过校准，运转是否正常。

(3) 吸收剂是否有效，数量（或体积）是否合乎要求。

(4) 采样器放置的位置和高度是否合乎采样要求，是否避开污染源的影响。

(5) 采样管或滤膜的安装是否正确。

(二) 样品运送和贮存中的质量保证

采样管和滤膜在采样前需从实验室运往监测点，采集的样品需送回实验室分析。在这一过程中，采集管不可倾倒，以防止吸收剂溢流。滤膜应完整地封存在专用的洁净袋子里，使用时用专用的不锈钢镊子取放，避免滤膜在进入采样器前被污染。

目前，我国对大气中 SO_2 监测时使用的是盐酸副玫瑰苯胺比色法。采样后吸收液中生成四氯汞盐、二氧化硫络合物在温度升高后不稳定，因此样品应贮存在温度低于 22℃ 的环境中，并立即运往实验室。若不能立即进行实验分析，样品应贮存在冰箱里。

三、实验室的分析质量保证

实验室的分析质量控制与多方面因素有关。例如，实验设施和装备、标准品以及分析人员等，都是实验室取得可靠数据的重要保证。分析质量控制主要有以下 3 个方面。

（一）分析方法

采用"标准分析方法"或经过协同研究统一的分析方法。

（二）实验室内部的质量控制

这是指实验室内化学分析或仪器分析各过程的质量控制。

1. 测定精确度和准确度

精确度是指重复测定时的可重复性。利用规定的分析方法重复测定包括一定浓度范围及含有各种干扰物质的样品，可得到重复的标准曲线。在常用的比色分析中，最初的标准曲线应包括空白和用于常规分析的整个浓度范围（但不超过方法要求的上限）的若干个标准（最好 8 个），每个标准测定若干次（最好 7 次），每次至少做两个平行样品。根据测定结果计算出各标准组的标准偏差（或称均方根误差），最后用标准偏差极值和研究的浓度范围来表示。

准确度是指测定值与已知值或真值之间的差别程度，可通过常规测定所分析的实际样品来获得。将已知量的某种特定组分加到一定浓度范围的各种实际样品中（必须满足精确度的要求），每个样品重复测定若干次（最好 7 次）。准确度用加标样品最后浓度的百分回收率表示，每个浓度的百分回收率应取平均值。

2. 质量控制图

质量控制图是由表示实验结果的纵坐标和表示时间或结果次序的横坐标组成的（图 5-9）。表示于图上的上、下控制线是行动的准则，用来判断重复样品间的变异情况。中心线代表平均值或统计测量的标准值。

控制图的建立需要 15～20 组重复测定和 15～20 组加标样品的数据。在日常样品分析中，当标准偏差和回收率符合要求时，说明分析中的各个环节基本上是在控制范围内的。

控制图的种类和绘制方法很多，从事此类工作的分析人员可根据具体条件，通过测定绘制适用于本实验室的分析质量控制图。

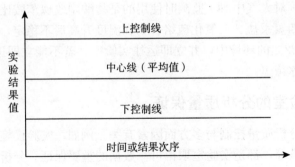

图 5-9 分析质量控制

（三）实验室外质量控制

实验室外质量控制是针对使用同一分析方法时，由不同实验室和不同操作人员引起的测定误差而提出的。进行这类质量控制是利用测定标准参考物或配置标准样品的方法加以确证，其质量控制线一般大于实验室内的质量控制线。

四、报告监测数据的质量保证

报告监测数据的质量保证有以下 6 个方面。

（1）报告的数据必须是有效的数据。报告监测数据的专职人员应对采样、检验分析、分析结果的计算等环节的数据进行逐步地核实，对由于采样人员或分析人员的差错，以及样品损伤或破坏等原因造成的错误数据是无效的。

（2）根据所有实验分析方法的灵敏度报告数据。超出分析方法灵敏度以外的高精度数据是毫无意义的，也是荒谬的。

（3）由于环境污染物大多有本底浓度，因此对于"未检出"（0 值）和检出限以下的浓度数据，取 0 至检出极限之间的中间值较为合适。但当测定的各浓度值有 25％以上低于最小检出量时，则不能用这种中间值代替。

（4）测定中出现的极值，即高于一般测定结果的高浓度，在没有充分理由说明是错误的情况下，不能随意弃去，但报告时要加以说明。

（5）在报告直接测定数据的同时，应根据环境管理部门规定的各类环境标准（如大气污染物的最大一次浓度和日平均浓度）进行数据处理，计算出浓度平均值和超标频数、频率等，并结合采样点和采样时段内的环境影响因素和污染物排放情况，做出综合分析评价。当需对测定数据进行统计处理时，应将各类数据分别给出浓度的频率分布表，并计算出各种参数。对于研究污染物空间分布和时间分布的数据，除报告数据外，还应绘出所测区间的时空分布图。

（6）整理好的数据经反复核准无误后，应按照要求填写各类表格，并上报有关环境管理机构，必要时还需对表中数据做文字说明。

五、监测数据统计处理和结果表述

（一）基本概念

1. 误差和偏差

（1）真值（x_1）。在某一时刻和某一位置或状态下，某量的效应体现出的客观值或实际值称为真值。真值包括以下 3 个方面。

①理论真值。例如，三角形内角之和等于 180°。

②约定真值。由国际单位制所定义的真值叫约定真值，包括基本单位、辅助单位和导出单位。

③标准器（包括标准物质）的相对真值。高一级标准器的误差为低一级标准器或普通仪器误差的 1/5（或 1/3～1/20）时，则可认为前者是后者的相对真值。

（2）误差及其分类。由于被测量的数据形式通常不能以有限位数表示，同时由于认识能力的不足和科学技术水平的限制，使测量值与真值不一致，这种矛盾在数值上的表现即为误差。任何测量结果都有误差，并存在于一切测量全过程之中。

误差按其性质和产生原因，可分为系统误差、随机误差和过失误差。

①系统误差。它又称可测误差、恒定误差或偏倚（bias），是指测量值的总体均值与真值之间的差别。它是由测量过程中某些恒定因素造成的，在一定条件下具有重现性，并不因增加测量次数而减少系统误差。它是由方法、仪器、试剂、恒定的操作人员和恒定的环境造成的。

②随机误差。它又称偶然误差或不可测误差，是由测定过程中各种随机因素的共同作用造成的，遵从正态分布规律。

③过失误差。它又称粗差，是由测量过程中犯了不应有的错误造成的。它明显地歪曲测量结果，因而一经发现必须及时改正。

④误差的表示方法。误差分为绝对误差和相对误差。绝对误差是测量值（x，单一测量值或多次测量的均值）与真值（x_t）之差，有正负之分。其公式为

$$绝对误差 = x - x_t$$

相对误差是绝对误差与真值之比（常以百分数表示），即

$$相对误差 = \frac{x - x_t}{x_t} \times 100\%$$

（3）偏差。偏差分为相对偏差、平均偏差、相对平均偏差和标准偏差等。

绝对偏差（d_i）是测定值与均值之差，即

$$d_i = x_i - \bar{x}$$

相对偏差是绝对偏差与均值之比（常以百分数表示），即

$$\text{相对偏差} = \frac{d_i}{\overline{x}} \times 100\%$$

平均偏差是绝对偏差绝对值之和的平均值，即

$$\overline{d} = \frac{1}{n} \sum_{i=1}^{n} |d_i|$$

$$= \frac{1}{n}(|d_1| + |d_2| + \cdots + |d_n|)$$

相对平均偏差是平均偏差与均值之比（常以百分数表示），即

$$\text{相对平均偏差} = \frac{\overline{d}}{\overline{x}} \times 100\%$$

（4）标准偏差和相对标准偏差。

①差方和。它亦称离差平方或平方和，是指绝对偏差的平方之和，以 S 表示，即

$$S = \sum_{i=1}^{n} (x_i - \overline{x})^2$$

②样本方差。它用 s^2 或 V 表示，即

$$s^2 = \frac{1}{n-1} \sum_{i=1}^{n} (x_i - \overline{x})^2 = \frac{1}{n-1} S$$

③样本标准偏差。它用 s 或 s_D 表示，即

$$s = \sqrt{\frac{1}{n-1} \sum_{i=1}^{n} (x_i - \overline{x})^2} = \sqrt{\frac{1}{n-1} S}$$

$$= \sqrt{\frac{\sum_{i=1}^{n} x_i^2 - \frac{(\sum_{i=1}^{n} x_i)^2}{n}}{n-1}}$$

④样本相对标准偏差。它又称变异系数，是样本标准偏差在样本均值中所占的百分数，记为 C_V，即

$$C_V = \frac{s}{\overline{x}} \times 100\%$$

⑤总体方差和总体标准偏差。它们分别用 σ^2 和 σ 表示，即

$$\sigma^2 = \frac{1}{n} \sum_{i=1}^{n} (x_i - \mu)^2$$

$$\sigma = \sqrt{\sigma^2}$$

$$= \sqrt{\frac{1}{n} \sum_{i=1}^{n} (x_i - \mu)^2}$$

$$= \sqrt{\frac{\sum\limits_{i=1}^{n} x_i^2 - \dfrac{(\sum\limits_{i=1}^{n} x_i)^2}{n}}{n}}$$

式中，n——总体容量；

　　　μ——总体均值。

⑥极差。它是一组测量值中最大值（$x_{\max}$）与最小值（$x_{\min}$）之差，表示误差的范围，用 R 表示，即

$$R = x_{\max} - x_{\min}$$

其他环境污染及防治

环境污染会给生态系统造成直接的破坏和影响，也会给人类社会造成间接的危害。除了水污染、大气污染以及土壤污染外，还有其他环境污染，如噪声污染、放射性污染、电磁辐射污染、热污染和光污染。由于热污染和光污染还没有对环境形成广泛的明显危害，因此也就没有引起人们普遍的关注。实际上，它们对环境的影响是存在的。

第一节　噪声污染及防治

一、噪声污染概述

随着工业、交通和城市的飞速发展，噪声已经成为一种严重的环境公害。噪声污染与水污染、大气污染和固体废物污染等共同构成了当代 4 种最为主要的污染形式。截至 2003 年，我国城市噪声污染基本得到控制。在监测的城市中，一半以上的城市区域噪声环境质量较好，近 80% 的城市道路交通噪声环境质量较好，但噪声污染仍是居民反映最为强烈的环境问题之一。

一般来说，凡是不需要的、使人厌烦并干扰人的正常生活、工作、学习和休息的声音都可以统称为噪声。当噪声超过人们的生活和生产活动所能容许的程度，就形成了噪声污染。噪声不但取决于声音的物理性质，而且和人的生活状态有关。对于同一种声音，不同的时间、地点、条件和不同的人，会有不同的判断。如一个"发烧友"在家中尽情欣赏摇滚乐，常常陶醉于其中；而对于一个十分疲倦的邻居而言，此时播放的这种音乐就成了噪声。

根据噪声的来源可将其划分为 4 类，即交通噪声、工业噪声、建筑施工噪声和社会噪声。[①]

与其他污染相比，噪声污染具有以下特点。

（1）噪声污染是局部的、多发性的，影响范围也具有局限性。除飞机噪声等特殊情况外，一般从声源到受害者的距离很近，不会影响很大的区域。以汽车噪声污染来看，以城市街道和公路干线两侧最为严重。

（2）噪声污染是物理性污染，没有污染物，也没有后效作用。一旦声源停

---

① 吴长航，王彦红. 环境保护概论［M］. 北京：冶金工业出版社，2017.

止发声，噪声污染便立即消失。

（3）噪声的再利用问题很难解决。目前所能做到的是利用机械噪声进行故障诊断。如通过对各种运动机械产生噪声的水平和频谱的测量和分析，作为评价机械机构完善程度和制造质量的指标之一。

噪声是影响面很广的一种环境污染，它广泛地影响着人们的生活，如影响睡眠和休息、干扰工作、妨碍谈话、使听力受损害，甚至引起心血管系统、神经系统和消化系统等方面的疾病。大多数国家规定，噪声的环境卫生标准为40dB，超过这个标准即为有害噪声。归纳起来，噪声污染对人体的危害主要体现在以下 6 个方面。

（1）损伤听力。人们在高噪声环境中暴露一定时间后，听力会下降，离开噪声环境到安静的场所休息一段时间，听觉就会恢复，这种现象称为暂时性听阈偏移，又称听觉疲劳。但长期暴露在强噪声环境中，听觉疲劳就不能恢复，而且内耳感觉器官会发生器质性病变，由暂时性听阈位移变成永久性听阈位移，即噪声性耳聋。噪声是造成人们听力减退甚至耳聋的一个重要原因。85dB 是听觉细胞不会受到损害的极限，因此目前大多数国家规定 85dB 为人耳的最大允许噪声值。

（2）干扰睡眠。睡眠是人消除疲劳、恢复体力和维持健康的一个重要条件。但噪声会影响人的睡眠质量和数量，老年人和病人对噪声的干扰更为敏感。研究表明，连续噪声可以加快熟睡到轻睡的回转，使人多梦，熟睡时间缩短；突然噪声可使人惊醒。当睡眠受干扰而辗转不能入睡时，就会出现呼吸频繁、脉搏跳动加剧、神经兴奋等现象，第二天会觉得疲倦易累，从而影响工作效率。久而久之，就会引起失眠、耳鸣多梦、疲劳无力、记忆力衰退，在医学上称为神经衰弱症候群。在高噪声环境下，这种病的发病率达 50% 以上。

（3）对人体的生理影响。实验证明，噪声会引起人体紧张的反应，刺激肾上腺素的分泌，引起心率改变和血压升高。可以说，生活中的噪声是心脏病恶化和发病率增加的一个重要原因。

噪声会使人的唾液、胃液分泌减少，胃酸降低，从而易患胃溃疡和十二指肠溃疡。研究表明，在吵闹的工业企业里，溃疡症的发病率比在安静环境中高5 倍。

噪声对人的内分泌机能也会产生影响，导致机能紊乱。近年还有人指出，噪声是刺激癌症的病因之一。

（4）对儿童和胎儿的影响。噪声会影响少年儿童的智力发展。有人做过调查，吵闹环境下儿童智力发育比安静环境中的低 20%。

噪声对胎儿也会造成有害影响。研究表明，噪声会使母体产生紧张反应，引起子宫血管收缩，以致影响供给胎儿发育所必需的养料和氧气。对机场附近居民的初步研究发现，噪声与胎儿畸形、婴儿体重减轻有密切关系。

（5）对动物的影响。噪声对动物的影响十分广泛，包括听觉器官、内脏器官和中枢神经系统的病理性改变和损伤。有关资料认为，120～130dB 的噪声可引起动物听觉器官的病理性变化；130～150dB 的噪声会引起动物视觉器官的损伤和非听觉器官的病理性变化；150dB 以上的噪声能使动物的各类器官发生损伤，严重的可能导致死亡。强噪声会使鸟类的羽毛脱落，不下蛋，甚至内出血，最终死亡。20 世纪 60 年代初期，美国空军的喷气飞机在俄克拉何马市上空做超声速飞行试验。飞行高度为 10 000m，每天飞越 8 次，共飞行了 6 个月。结果一农场的 10 000 只鸡中有 6 000 只死亡。

（6）对建筑物的损害。随着超音速飞机、火箭和宇宙飞船的发展，噪声对建筑物的损坏也引起了人们的注意。研究表明，140dB 的噪声对轻型建筑物开始有破坏作用，尤其在低频范围内的危害更大。在美国统计的 3 000 件喷气飞机使建筑物受损害的事件中，抹灰开裂的占 43%，窗户损坏的占 32%，墙体开裂的占 15%，瓦损坏的占 6%。

二、噪声的监测

（一）城市区域噪声监测

1. 布点

将安全监测的城市划分为 500m×500m 的网格，测量点选择在每个网格的中心。若中心点的位置不易测量，如房顶、污沟、禁区等，可移到旁边能够测量的位置。测量的网格数量不应少于 100 个格。若城市较小，可按 250m×250m 的网格划分。

2. 测量

测量应选在无雨、无雪天气，白天时间一般选在 8:00—12:00 和 14:00—18:00，夜间时间一般选在 22:00 至次日 5:00。根据南北方地区的不同、季节的不同，时间可稍有变化：声级计可手持或安装在三脚架上，传声器离地面高度为 1.2m，手持声级计时，应使人体与传声器相距 0.5m 以上。选用 A 计权，调试好后置于慢挡，每隔 5s 读取一个瞬时 A 声级数值，每个测点连续读取100 个数据（当噪声涨落较大时，应读取 200 个数据）作为该点的白天或夜间噪声分布情况；在规定时间内每个测点测量 10min，白天和夜间分别测量，测量的同时要判断测点附近的主要噪声源（如交通噪声、工厂噪声、施工噪声、居民噪声或其他噪声源等），并记录周围的声学环境。[①]

---

① 黄功跃. 环境监测与环境管理 ［M］. 昆明：云南科技出版社，2017.

（二）城市交通噪声

1. 布点

在每两个交通路口之间的交通线上选一个测点，测点设在马路旁的人行道上，一般距马路边缘 20cm，这样选点的好处是该点的噪声可以代表两个路口之间的该段马路的交通噪声。

2. 测量

测量应选在无雨、无雪的天气进行，以降低气候条件的影响，因为风力大小等都直接影响噪声测量结果。测量时间同城市区域环境噪声要求一样，一般在白天正常工作时间内进行测量。选用 A 计权，将声级计置于慢挡，安装调试好仪器，每隔 5s 读取一个瞬时 A 声级，连续读取 200 个数据，同时记录车流量（辆/h）。测量的数据记录在声级等时记录表中。

（三）工业企业噪声

1. 布点

测量工业企业外环境噪声，应在工业企业边界线外 1m、高度 1.2m 以上的噪声敏感处进行。围绕厂界布点，布点数量及时间间距视实际情况而定，一般根据初测结果，声级每涨落 3dB 便布一个测点。如边界模糊，以城建部门划定的建筑红线为准。如与居民住宅毗邻时，应取该界内中心点的测量数据为准，此时标准值应比室外标准值低 10dB（A）。如边界设有围墙、房屋等建筑物时，应避免建筑物的屏障作用对测量的影响。

测量车间内噪声时，若车间内部各点声级分布变化小于 3dB，只需要在车间选择 1～3 个测点；若声级分布差异大于 3dB，则应按声级大小将车间分成若干区域，使每个区域内的声级差异小于 3dB，相邻两个区域的声级差异应大于或等于 3dB，并在每个区选取 1～3 个测点。这些区域必须包括所有工人观察和管理生产过程而经常工作活动的地点和范围。

2. 测量

测量应在工业企业的正常生产时间内进行，分昼间和夜间两部分。传声器应置于工作人员的耳朵附近，测量时工作人员应从岗位上暂时离开，以避免声波在工作人员头部引起的散射声使测量产生误差，必要时适当增加测量次数。计权特性选择 A 声级，动态特性选择慢响应。稳态噪声，只测量 A 声级。非稳态噪声，则在足够长时间内（能代表 8h 内起伏状况的部分时间）测量，若声级涨落在 3～10dB 范围，每隔 5s 连续读取 100 个数据；声级涨落在 10dB 以上，连续读取 200 个数据，测量的数据记录在声级等时记录表中。由于工业企业噪声多属于间断性噪声，所以在实际监测中可测量不同 A 声级下的暴露时间，测量的数据也记录在表中。

（四）机动车辆噪声

1. 布点

对城市环境密切相关的是车辆行驶的车外噪声。车外噪声测量需要在平坦开阔的场地进行。在测试中心周围 25m 半径范围内不应有大的反射物。测试跑道应有 20m 以上平直、干燥的沥青路面或混凝土路面，路面坡度不超过 0.5%。测点应选在 20m 跑道中心点两侧，距中线 7.5m，距地面 1.2m。

2. 测量

测量时应选在无雨、无雪天气，白天时间一般选在 8：00—12：00 和 14：00—18：00，夜间时间一般选在 22：00 至次日 5：00。根据南北方地区的不同、季节的不同，时间可稍有变化。声级计用三脚架固定，传声器平行于路面，其轴线垂直于车辆行驶方向。本底噪声至少应比所测车辆噪声低 10dB（A），为了避免风噪声干扰，可采用防风罩。声级计用 A 计权，"快"挡读取车辆驶过时的最大读数。测量时要避免测试人员对读数的影响。各类车辆按测试方法所规定的行驶挡位分别以加速和匀速状态驶入测试跑道，同样的测量往返进行一次。车辆同侧两次测量结果之差不应大于 3dB（A）。若只用一个声级计测量，同样的测量应进行 4 次，每侧测量两次，测量数据记录在表中。[①]

三、噪声的评价度量

（1）声压和声压级。声波的强弱用声压表示，由于声波的存在而产生的压力增值即为声压，反映人耳对声音强度的感觉，单位是帕（Pa）。声波在空气中以纵波的形式传播时形成使空气介质发生时而密集、时而稀疏的交替变化，所以空气介质的压力增值也会随之发生正负交替的变化。

声压越大，对人听觉系统的刺激就越强，声音也就越强；声压越小，声音就越弱。正常人耳能听到的声音的声压是 0.000 02Pa，常用来作为基准声压。当声压高于 20Pa 时，能使人耳产生疼痛感。在生活环境中遇到的声音的声压差别很大，从听阈到痛阈声压的绝对值相差 100 万倍。这样大的范围使得用声压表示声音大小的计量很不方便，为方便起见，人们把声压换算成声压级，把声压分成不同等级，声压级的计量单位是分贝（dB）。[②] 分贝是相对单位，声压与基准声压（以 1 000Hz 的听阈声压 0.000 02Pa）之比，取 10 为底的对数，再乘以 20，就是声压级的分贝数。声压与声压级之间的关系可用下式表示，即一个声压的声压级为

---

① 黄功跃．环境监测与环境管理［M］．昆明：云南科技出版社，2017.

② 吴长航，王彦红．环境保护概论［M］．北京：冶金工业出版社，2017.

$$L_P = 10\lg(p^2/p_0^2) = 20\lg(p/p_0)$$

式中，L_P——对应声压 p 的声压级，dB；

p——声压，Pa；

p_0——基准声压，等于 0.000 02Pa，是 1 000Hz 的听阈声压。

如一个声音的声压是 20Pa，则对应的声压级就是 120dB。

声压是噪声的基本物理参数，但人耳对声音的感受不但和声压有关，而且也和频率有关。声压级相同而频率不同的声音听起来很可能是不一样的。如大型离心压缩机的噪声和活塞压缩机的噪声，声压级都是 90dB，可是前者是高频率，后者是低频率，听起来前者比后者响很多。因此，人们就把这两个因素结合起来，根据人耳的这种特性，仿照声压级这个概念，引出了一个与频率有关的响度级。就是选取 1 000Hz 的纯音作为基准声音，其噪声听起来与该纯音一样响，该噪声的响度级就等于这个纯音的声压级（分贝值）。如果噪声听起来与声压级 85dB、频率 1 000Hz 的基准声音一样响，则该噪声的响度级与声压级一致。

（2）声强和声强级。声强是指单位时间内，声波通过垂直于传播方向单位面积的声能量，通常用/表示，单位是瓦/米²，记作 W/m²。声强级的数学表达式为

$$L_1 = 10\lg(I/I_0)$$

式中，L_1——对应于声强 I 的声强级，dB；

I_0——基准声强，$I_0 = 10^{-12}$W/m²。

（3）声功率和声功率级。声功率是指声源在单位时间内声波通过某指定面积的声能量，单位是瓦，记作 W。声功率是从能量角度描述噪声特性的重要物理量。一个声源声功率级的数学表达式为

$$L_W = 10\lg(W/W_0)$$

式中，L_W——对应于声功率 W 的声功率级，dB；

W_0——基准声功率，$W_0 = 10^{-12}$W。

（4）等效连续 A 声级。A 声级适合评价一个连续的稳态噪声，但如果在某一受声点观测到的 A 声级是随时间变化的，例如交通噪声随车流量和种类变化；又如一个间歇工作的机器，其在某时间段内的 A 声级有高有低。在这种情况下，用某一瞬间的 A 声级评价一段时间内的 A 声级是不准确的。因此，人们引入了等效连续 A 声级作为评价量，即在规定的时间内某一连续稳态声的 A（计权）声压具有与时间变化的噪声相同的均方 A（计权）声压级，则这一连续稳态声的声级就是此时间变化噪声的等效声级。

（5）统计声级。统计声级是指某点噪声级有较大波动时，用于描述该点噪声随时间变化状况的统计物理量，一般用 L_{10}、L_{50}、L_{90} 表示，它们表示 A 声

级超过某一百分数的值。其中 L_{10} 表示在取样时间内 10％的时间超过的噪声级，相当于噪声平均峰值；L_{50} 表示在取样时间内 50％的时间超过的噪声级，相当于噪声平均中值；L_{90} 表示在取样时间内 90％的时间超过的噪声级，相当于噪声平均底值。其计算方法是将测得的 100（或 200）个数据按大小顺序排列，第 10（或第 20）个数据即为 L_{10}，第 50（或第 100）个数据即为 L_{50}，第 90（或第 180）个数据即为 L_{90}。

四、噪声污染控制技术

（一）吸声

在噪声控制中常用吸声材料和吸声结构来降低室内噪声，尤其在体积较大、混响时间较长的室内空间，应用非常普遍。按照吸声的机理，可以将吸声材料分为多孔性吸声材料和共振性吸声材料两大类。[①]

（1）多孔性吸声材料。多孔性吸声材料的物理结构特征是材料内部有大量的互相贯通的、向外敞开的微孔，即材料具有一定的透气性。工程上广泛使用的有纤维材料和灰泥材料两大类。前者包括玻璃棉和矿渣棉或以此类材料为主要原料制成的各种吸声板材或吸声构件等；后者包括微孔砖和颗粒性矿渣吸声砖等。吸声机理是当声波入射到多孔材料时，引起孔隙中的空气振动。由于摩擦和空气的黏滞阻力，使一部分声能转变成热能。此外，孔隙中的空气与孔壁、纤维之间的热传导，也会引起热损失，使声能衰减。

（2）共振性吸声材料。由于多孔性材料的低频吸声性能差，为解决中、低频吸声问题，往往采用共振吸声结构，其吸声频谱以共振频率为中心出现吸收峰，当远离共振频率时，吸声系数就很低。常见的共振吸声结构包括穿孔板共振吸声结构、微穿孔板吸声结构、薄膜和薄板共振吸声结构等。

（二）隔声

隔声是在噪声控制中最常用的技术之一。隔声是指声波在空气中传播时，一般用各种易吸收能量的物质消耗声波的能量，使声能在传播途径中受到阻挡而不能直接通过的措施。隔声的具体形式包括隔声罩、隔声间、隔声屏障等。

（1）隔声罩。隔声罩是一种可取的有效降噪措施，它把噪声较大的装置（如空压机、水泵、鼓风机等）封闭起来，可以有效地阻隔噪声的外传，减少噪声对环境的影响，但会给维修、监视、管路布置等带来不便，并且不利于所罩装置的散热，有时需要通风以冷却罩内的空气。隔声罩的隔声量主要是由罩壁的面密度与吸声材料的吸声系数、吸声量、噪声频率决定。罩壁材料可采用铅板、钢板、铜板、壁薄、密度大的板材，一般采用 2～3mm 的钢板即可。

---

① 吴长航，王彦红．环境保护概论［M］．北京：冶金工业出版社，2017.

也可以通过加筋或涂贴阻尼层以抑制和避免钢板之类的轻型结构与罩壁发生共振和吻合效应，减少声波的辐射。同时为了提高隔声效果，可在罩内用 50mm 厚的多孔吸声材料进行处理，吸声系数一般不应低于 0.5。

（2）隔声间。隔声间是为了防止外界噪声入侵，形成局部空间安静的小室或房间。隔声间主要有两种形式：一种是在高噪声环境下建造一个具有良好隔声性能的控制室，能有效地减少噪声对操作人员的干扰；另一种是声源较多、采取单噪声控制措施不易见效，或者采用多种措施治理成本较高，就把声源围蔽在局部空间内，以降低噪声对周围环境的污染。

隔间的形式应根据需要而定。常用的有封闭式、三边式和迷宫式。隔声间的大小以能符合工作需要的最小空间为宜，隔声间的墙体和顶棚材料可采用木板、砖料、混凝土预制板或薄金属板等。

隔声间在设计时应注意：隔声间的内表面应覆以吸声系数高的材料作为吸声饰面；隔声间门的面积应尽量小些，密封应尽量好些，可以采用橡皮条、毡条等作为密封材料。

（3）隔声屏障。在声源与接收点之间设置障板，阻断声波的直接传播，使声波传播有一个显著的附加衰减，从而减弱接收者所在的一定区域内的噪声影响，这种结构称为声屏障。噪声在传播途中遇到障碍物，若障碍物尺寸远大于声波波长时，大部分声能被反射和吸收，一部分绕射，于是在障碍物背后一定距离内形成"声影区"。声影区的大小与声音的频率和屏障高度等有关，频率越高，声影区的范围越大。声屏障将声源和保护目标隔开，使保护目标落在屏障的声影区内。隔声屏障主要用于室外，随着公路交通噪声污染日益严重，有些国家大量采用各种形式的屏障来降低交通噪声。在建筑物内，如果对隔声的要求不高，也可采用屏障来分隔车间与办公室。另外，为了保护工作人员免受强烈噪声的直接辐射，可采用屏障隔成工作区。屏障的拆装和移动都比较方便，又有一定的隔声效果，因而应用较广。

（三）消声

消声是指消除空气动力性噪声的方法。消声器是一种既能允许气流顺利通过，又能有效地阻止或减弱声能向外传播的装置。但消声器只能用来降低空气动力设备的进、排气口噪声或沿管道传播的噪声，而不能降低空气动力设备本身所辐射的噪声。消声器被广泛使用于发电、化工、冶金、纺织等工业厂矿中各种型号锅炉、风机、安全门等设备的消声降声。

（四）隔振

声波起源于物体的振动，物体的振动除了向周围空间辐射噪声外，还可通过与其相连的固体结构传播声波。固体声波在传播过程中会向周围空气辐射噪声，尤其当引起物体共振时，产生的噪声会更强烈。

隔振的影响主要是通过振动传递来达到的，减少或隔离振动的传递，振动就能得以控制。控制共振的主要方法包括：改变设施的结构和总体尺寸或采用局部加强法等，以改变机械结构的固有频率；改变机器的转速或改换机型等以改变振动源的振动频率；将振动源安装在非刚性的基础上以降低共振响应；对于一些薄壳机体或仪器仪表柜等结构，用黏弹性高阻尼结构材料增加其阻尼，以增加能量逸散，降低其振幅。在设备下安装隔振元件——隔振器是目前工程上应用最为广泛的控制振动的有效措施。广泛采用钢弹簧、橡胶、软木、毛毡、玻璃纤维板和气垫等进行隔振。

第二节　放射性污染及防治

一、放射性污染的特点及来源

1896 年，法国科学家贝克勒尔首先发现了某些元素的原子核具有天然的放射性，能自发地放出各种不同的射线。在科学上，把不稳定的原子核自发地放射出一定动能的粒子（包括电磁波），从而转化为较稳定结构状态的现象称为放射性。我们通常所说的放射性是指原子核在衰变过程中放出 α、β、γ 射线的现象。放射性 α 粒子是高速运动的氦原子核，在空气中射程只有几厘米；β 粒子是高速运动的负电子，在空气中射程可达几米，但 α、β 粒子不能穿透人的皮肤；而 γ 粒子是一种光子，能量高的可穿透数米厚的水泥混凝土墙，它轻而易举地射入人体内部，作用于人体组织中原子，产生电离辐射。除这几种放射线外，常用的射线还有 X 射线和中子射线。这些射线各具特定能量，对物质具有不同的穿透能力和电离能力，从而使物质或机体发生一些物理、化学、生化变化。放射性来自人类的生产活动，随着放射性物质的大量生产和应用，就不可避免地会给我们的环境造成放射性污染。

和人类生存环境中的其他污染相比，放射性污染具有以下特点。

（1）一旦产生和扩散到环境中，就不断对周围发出放射性，永不停止。只是遵循内在固定速率不断减少其活性，其半衰期即活度减少到一半所需的时间从几分钟到几千年不等。

（2）自然条件的阳光、温度无法改变放射性物质的放射性活度，人们也无法用任何化学或物理手段使放射性物质失去放射性。

（3）放射性污染对人类作用有累积性。

（4）人类的感官对放射性污染无任何直接感受。

放射性污染主要来自放射性物质。这些物质可来自天然，如岩石和土壤中的放射性物质；也可来自人为的因素。就人为因素而言，目前放射性污染主要有以下来源。

（1）核工业。核工业的废水、废气、废渣的排放是造成环境放射性污染的重要原因。此外，铀矿开采过程中的氡和氡的衍生物以及放射性粉尘造成对周围大气的污染，放射性矿井水造成水质的污染，废矿渣和尾矿造成了固体废物的污染。

（2）核试验。核试验造成的全球性污染要比核工业造成的污染严重得多。由全世界的大气层核试验进入大气平流层的放射性物质最终要沉降到地面，因此全球严禁一切核试验和核战争的呼声也越来越高。

（3）核电站。目前全球正在运行的核电站有 400 多座，还有几百座正在建设中。核电站排入环境中的废水、废气、废渣等均具有较强的放射性，会对环境造成严重污染。

（4）核燃料的后处理。核燃料后处理厂是将反应堆废料进行化学处理，提取钚和铀再度使用。但后处理厂排出的废料依然含有大量的放射性核素，仍会对环境造成污染。

（5）人工放射性核素的应用。人工放射性同位素的应用非常广泛，在医疗上，常用"放射治疗"以杀死癌细胞，有时也采用各种方式有控制地注入人体，作为临床上诊断或治疗的手段；工业上可用于金属探伤；农业上用于育种、保鲜等。但如果使用不当或保管不善，也会造成对人体的危害和对环境的污染。

二、放射性污染的防治

放射性废物不像一般的工业废物和垃圾等极易被发现并能预防其危害。它是无色无味的有害物质，只能靠放射性测试仪才能够探测到。因此，对放射性废物的管理、处理和最终处置必须按照国际和国家标准进行，以期能够把对人类的危害降到最低水平。

三、放射性废物的处理与处置

对放射性废物中的放射性物质，现在还没有有效的办法将其破坏，以使其放射性消失。因此，目前只是利用放射性自然衰减的特性，采用在较长的时间内将其封闭，使放射强度逐渐减弱的方法，达到消除放射污染的目的。

（一）放射性废液的处理

对不同浓度的放射性废水可采用不同的方法处理。处理方法包括以下方面。

（1）稀释排放。对符合我国《辐射防护规定》中规定浓度的废水，可以采用稀释排放的方法直接排放，否则应经专门净化处理。

（2）浓缩储存。对半衰期较短的放射性废液可直接在专门容器中封装储存，经过一段时间，待其放射强度降低后，可稀释排放；对半衰期长或放射强度高的废液，可使用浓缩后再储存的方法。常用的浓缩手段有共沉淀法、离子交换法和蒸发法。共沉淀法所得的上清液、蒸发法的二次蒸汽冷凝水以及离子交换出水，可根据它们的放射性强度或回用，或排放，或进一步处理。用上述方法处理时，分别得到了沉淀物、蒸渣和失效的树脂，其放射性物质将被浓集到较小的体积中。对这些浓缩废液，可用专门容器储存或经固化处理后埋藏。对中、低放射性废液可用水泥、沥青固化；对高放射性的废液可采用玻璃固化。固化物可深埋或储存于地下，使其自然衰变。

（3）回收利用。在放射性废液中常含有许多有用物质，因此应尽可能回收利用。这样做既不浪费资源，又可减少污染物的排放。可以通过循环使用废水，回收废液中某些放射性物质，并在工业、医疗、科研等领域进行回收利用。

（二）放射性固体废物的处理处置

放射性固体废物主要是指铀矿石提取铀后的废矿渣；被放射性物质玷污而不能再用的各种器物；上述浓缩废液经固化处理后所形成的固体废弃物。

（1）对废弃铀矿渣的处置。目前对废弃铀矿渣主要采用土地堆放或回填矿井的处理方法。这种方法不能根本解决污染问题，但目前尚无其他更有效的可行办法。

（2）对被玷污器物的处置。这类废弃物所包含的品种繁多，根据受玷污的程度以及废弃物的不同性质，可以采用不同方法进行处理。

①去污。对于被放射性物质玷污的仪器、设备、器材及金属制品，用适当的清洗剂进行擦拭、清洗，可将大部分放射性物质清洗下来。清洗后的器物可以重新使用，同时减小了处理的体积。对大表面的金属部件还可用喷镀方法去除污染。

②压缩。对容量小的松散物品用压缩处理减小体积，便于运输、储存及焚烧。

③焚烧。对可燃性固体废物可通过高温焚烧来大幅度减容，同时使放射性物质聚集在灰烬中。焚烧后的灰烬可在密封的金属容器中封存，也可进行固化处理。

④再熔化。对无回收价值的金属制品，还可在感应炉中熔化，使放射性被固封在金属块内。经压缩、焚烧减容后的放射性固体废物可封装在专门的容器中，然后将其埋藏于地下或储存于设在地下的混凝土结构的安全储库内。

（三）放射性废气的处理

对低放射性废气，特别是含有短半衰期放射性物质的低放射性废气，一般可以通过高烟囱直接稀释排放。对含粉尘或长半衰期放射性物质的废气，则需经过一定的处理，如用高效过滤的方法除去粉尘，用碱液吸收去除放射性碘，用活性炭吸附碘、氪、氙等。经处理后的气体，仍需通过高烟囱稀释排放。

第三节　电磁辐射污染及防治

一、电磁辐射的来源

信息化时代的到来给人类物质文化生活带来了极大的便利，并促进了社会的进步。无线电广播、电视、无线通信、雷达、计算机、微波炉、超高压输电网、变电站等电器、电子设备等在使用过程中，都会不同程度地产生不同波长和频率的电磁波。这些电磁波无色、无味、看不见、摸不着、穿透力强，且充斥整个空间，能悄无声息地影响着人体的健康，引起了各种社会文明病。电磁辐射已成为当今危害人类健康的致病源之一。

由振荡电磁波产生，在电磁振荡的发射过程中电磁波在自由空间以一定速度向四周传播，这种以电磁波传递能量的过程或现象称为电磁波辐射，简称电磁辐射。

电磁辐射污染源主要包括天然电磁辐射污染源和人工电磁辐射污染源两大类。天然产生的电磁辐射来自地球热辐射、太阳热辐射、宇宙射线、雷电等，是由自然界的某些自然现象引起的。在天然的电磁辐射中，以雷电所产生的电磁辐射最为突出。人工产生的电磁辐射主要来源于广播、电视、雷达、通信基站及电磁能在工业、科学、医疗和生活中的应用设备。根据产生频率的不同，可以将人工电磁辐射源分为工频场源和射频场源。工频场源（数十至数百赫兹）中，以大功率输电线路所产生的电磁污染为主，同时也包括若干种放电型场源。射频场源（0.1～3 000MHz）主要是指由于无线电设备或射频设备工作过程中产生的电磁感应与电磁辐射。射频电磁辐射频率范围宽、影响区域大，对近场区的工作人员能产生危害，是目前电磁辐射污染环境的重要因素。

二、电磁辐射的危害

电磁辐射对生物体的作用机制，主要可分为热效应、非热效应和累积效应三大类。

（1）热效应。人体中70％以上是水，水分子受到电磁辐射后相互摩擦，引起机体升温，从而影响体内器官的正常工作。体温升高引发各种症状，如心悸、头涨、失眠、心动过缓、白细胞减少、免疫功能下降、视力下降等。产生热效应的电磁波功率密度在 $10mW/cm^2$；微观致热效应为 $1～10mW/cm^2$；浅

致热效应在 $1mW/cm^2$ 以下。当功率为 1 000W 的微波直接照射人时，可在几秒内致人死亡。

（2）非热效应。人体的器官和组织都存在微弱电磁场，它们是稳定和有序的，一旦受到外界电磁场的干扰，处于平衡状态的微弱电磁场将遭到破坏，人体也会遭受损害。这主要是低频电磁波产生的影响，即人体被电磁辐射照射后，体温并未明显升高，但已经干扰了人体固有的微弱电磁场，使血液、淋巴液和细胞原生质发生改变，对人体造成严重危害，可导致胎儿畸形或孕妇自然流产，影响人体的循环、免疫、生殖和代谢功能等。

（3）累积效应。热效应和非热效应作用于人体后，对人体的伤害尚未自我修复之前，如再次受到电磁波辐射的话，其伤害程度就会发生累积，久之会成为永久性病态，危及生命。对于长期接触电磁波辐射的群体，即使功率很小，频率很低，也可能会诱发意想不到的病变，应引起警惕。

三、电磁辐射的防护

控制电磁污染的手段应从两方面进行考虑：一是将电磁辐射的强度减小到容许的强度；二是将有害影响限制在一定的空间范围。为了减小电子设备的电磁泄漏，必须从产品设计、屏蔽及吸收等角度入手，采取标本兼治的方案防止电磁辐射污染与危害。

（1）加强电磁兼容性设计审查与管理。无论工厂企业的射频应用技术，还是广播、通信、气象、国防等领域内的射频发射装置，其电磁泄漏与辐射，除技术原因外，主要问题就是设计与管理方面的责任。因此，加强电磁兼容性设计审查与管理是极为重要的一环。

（2）认真做好模拟预测与危害分析。在产品出厂前，均应进行电磁辐射与泄漏状态的预测与分析，实施国家强制性产品认证制度，大中型系统投入使用前，应当对周围环境电磁场进行模拟预测，以便对污染危害进行分析。

（3）电磁屏蔽。在电磁场传播的途径中安设电磁屏蔽装置，可使有害的电磁场强度降到容许范围以内。电磁屏蔽装置一般为金属材料制成的封闭壳体，频率越高，壳体越厚，材料导电性能越好，屏蔽效果就越大。

（4）接地导流。有电磁辐射的设施必须有很好的接地导流措施，接地导流的效果与接地极的电阻值有关，使用电阻值越低的材料，其导电效果越好。

（5）合理规划。在城市规划中应注意工业射频设备的布局，对集中使用辐射源设备的单位划出一定的范围，并确定有效的防护距离，同时加强无线电发射装置的管理，对电台、电视台、雷达站等的布局及选址必须严格按照相关规定执行，以免居民受到电磁辐射污染。

第四节　热污染及防治

一、热污染概述

（1）水体热污染。火力发电厂、核电站和钢铁厂的冷却系统排出的热水以及石油、化工、造纸等工厂排出的生产性废水中均含有大量废热。这些废热排入地面水体后，能使水温升高。在工业发达的美国，每天所排放的冷却用水达 4.5×10^8 m³。接近全国用水量的 1/3；废热水的含热量约 2500×10^8 kcal（1kcal＝4.186 8kJ），足够 2.5×10^8 m³ 的水温度升高 10℃。局部水温升高对水质产生影响，当水温升高时，水的黏度降低，密度减小，从而可使水中沉淀物的空间位置和数量发生变化，导致污泥沉积量增多，同时也会引起水中溶解氧的降低并导致缺氧现象发生，使水质恶化。水温的升高也会影响渔业生产，因为水温升高使水中溶解氧减少，同时又使鱼类的代谢率增高而需要更多的氧，鱼在热应力作用下发育受到阻碍，甚至很快死亡。为了减少这种热污染的危害，美国环境保护机构建议控制废热的排放，并提出废热水进入水体经混合后温度升高不得大于下列数值：河水为 2.83℃；湖水为 1.66℃；海水冬季为 2.2℃，海水夏季为 0.83℃。

（2）大气热污染。随着人口和耗能量的增长，城市排入大气的热量日益增多。按照热力学定律，人类使用的全部能量终将转化为热，传入大气，逸向太空。这样使地面反射太阳热能的反射率增高，吸收太阳辐射热减少，沿地面空气的热减少，上升气流减弱，阻碍云雨形成，造成局部地区干旱，影响农作物生长。近一个世纪以来，地球大气中的 CO_2 不断增加，气候变暖，冰川积雪融化，使海水水位上升，一些原本十分炎热的城市变得更热。专家预测，如按现在能源消耗的速度计算，每 10 年全球温度会升高 $0.1 \sim 0.26$℃；一个世纪后即为 $1.0 \sim 2.6$℃，而两极温度将上升 $3 \sim 7$℃，对全球气候会有重大影响。

二、热污染的防护

对于水体的热污染可以通过以下 3 种措施来进行防治。

（1）改进冷却方式，减少温排水产生量。产生温排水的企业应根据自然条件，结合经济性和可行性两方面的因素采取相应的防治措施。以对水体热污染最严重的发电行业为例，其产生的冷却水不具备一次性直排条件的，应采用冷却池或冷却塔，使水中废热逸散，并返回到冷凝系统中循环使用，以提高水的利用率。从长远来看，减少温排水问题及充分回收温排水中热能的技术将是治理水体热污染的根本途径。

（2）综合利用废热水。利用温热水进行水产品养殖，在国内外都取得了较好的试验成果。农业是温热水有效利用的一个重要途径，在冬季用热水灌溉能促进种子发芽和生长，从而延长了适合农作物种植的时间。利用温热排水在冬季供暖、在夏季作为吸收型空调设备的能源已成功实现。温热水的排放在高纬度寒冷地区可以预防船运航道和港口结冰，从而节约运费。适量的温热水在冬季时排入污水处理系统有利于提高活性污泥的活性，提高污水处理效果。

（3）制定废热水的排放标准。为防止废热水污染，尽可能利用废水中的余热，除了要大力发展废热水热能回收技术，还要充分了解废水排放水域的水文、水质及水生生物的生态习性，以便综合治理。同时应在经济合理的条件下，制定废热水的排放标准。

第五节　光污染及防治

一、光污染概述

光污染问题最早于 20 世纪 30 年代由国际天文界提出，他们认为光污染是城市的室外照明，使天空发亮，造成对天文观测的负面影响。后来英美等国称之为"干扰光"，在日本则将这种现象称为"光害"。现在一般认为，光污染泛指影响自然环境，对人类正常生活、工作、休息和娱乐带来不利影响，损害人们观察物体的能力，引起人体不舒适感和损害人体健康的各种光造成的污染。全国科学技术名词审定委员会审定公布光污染的定义为：过量的光辐射对人类生活和生产环境造成不良影响的现象，包括可见光、紫外线和红外线造成的污染。

（1）可见光污染。可见光是波长为 390～760nm 的电磁辐射体。当可见光亮度过高或过低，对比过强或过弱时均可引起视觉疲劳，导致工作效率降低。

眩光是光污染的一种形式，当汽车夜间行驶时照明用的头灯、企业厂房中不合理的照明布置等都会造成眩光。长期在强光条件下工作的工人，会由于强光而使眼睛受害。

杂散光也是光污染的一种形式，当太阳光照射强烈时，城市里建筑物的玻璃幕墙、釉面砖墙、磨光大理石和各种涂料等装饰反射光线，明晃白亮、炫眼夺目。据光学专家研究，镜面建筑物玻璃的反射光比阳光照射更强烈，其反射率高达 82%～90%，光线几乎全被反射，大大超过了人体所能承受的范围。长时间在白色光亮污染环境下工作和生活的人，视网膜和虹膜都会受到不同程度的损害，视力急剧下降，白内障的发病率高达 45%，还会使人头昏心烦，甚至出现失眠、食欲下降、情绪低落、身体乏力等类似神经衰弱的症状。

夏天，玻璃幕墙强烈的反射光进入附近居民楼房内，使室温平均升高4～6℃，影响正常生活。有些玻璃幕墙是半圆形的，反射光汇聚还容易引起火灾。烈日下驾车行驶的司机会遭到玻璃幕墙反射光的突然袭击，眼睛受到强烈刺激，很容易诱发车祸。

（2）紫外线污染。紫外线辐射是波长范围为10～390nm的电磁波。自然界中的紫外线来自太阳辐射，人工紫外线最早应用于消毒以及某些工艺流程。近年来它的使用范围不断扩大，如用于人造卫星对地面的探测。

波长在220～320nm的紫外线对人体有损伤作用。紫外线对人体主要是伤害眼角膜和皮肤。紫外线对角膜的伤害作用表现为一种叫作畏光眼炎的极痛的角膜白斑伤害，除了剧痛，还导致流泪、眼睑痉挛、眼结膜充血和睫状肌痉挛。紫外线对皮肤的伤害作用主要是引起红斑和小水疱，严重时会使表皮坏死和脱皮。

紫外线还可与大气中的氮氧化物产生光化学反应导致烟雾污染，即光化学烟雾污染。

（3）红外线污染。红外线辐射是波长为760nm至1mm的电磁辐射，亦称为热辐射。红外线近年来在军事、人造卫星以及工业、卫生、科研等方面的应用日益广泛，同时红外线污染问题也随之产生。

较强的红外线可造成皮肤伤害，其情况与烫伤相似，最初是灼痛，然后是造成烧伤。当过量的红外线透入皮下组织时，可使血液和深层组织加热，当照射面积大且受热时间长时，则会出现中暑症状。红外线对眼睛造成的伤害表现为，当过量过强的红外线被眼角膜吸收和透过时，可造成眼底视网膜的伤害，人眼如果长期暴露于红外线，则可能引起白内障。

二、光污染的防治

光污染已经成为现代社会的公害之一，引起政府、专家及民众的足够重视，积极控制和预防光污染，改善城市环境。为避免光污染的产生，可从以下方面着手。

（1）加强城市规划和管理。在建筑物和娱乐场所的周围做合理规划，进行绿化并减少反射系数大的装饰材料的使用，以减少光污染源。

（2）加强法律法规的建设。环保和卫生等相关部门应制定相关的光污染技术标准和法律法规，并采取综合防治措施。

（3）加大宣传工作，加强科学研究方面教育。一方面，人们应科学合理地使用灯光，注意调整亮度，不可滥用光源，不再扩大光污染，白天提倡使用自然光；另一方面，科研部门要开展光污染对人群健康影响的科学调查，让广大民众对光污染有一定的了解。

　　（4）强化市民保护意识。注意工作环境中的紫外线、红外线及高强度眩光的损伤，劳逸结合，夜间尽量少到强光污染的场所活动；如果不能避免长期处于光污染的工作环境中，应考虑防止光污染的问题，采用个人防护措施；戴防护镜和防护面罩、穿防护服等，把光污染的危害消除在萌芽状态。已出现症状的应定期去医院眼科进行检查，及时发现病情，以防为主、防治结合。

参考文献

陈丽湘，韩融，罗旭，2016. 环境监测［M］. 北京：九州出版社.

陈玲，赵建夫，2008. 环境监测［M］. 北京：化学工业出版社.

陈万金，陈燕俐，蔡捷，2005. 辐射及其安全防护技术［M］. 北京：化学工业出版社.

成官文，2009. 水污染控制工程［M］. 北京：化学工业出版社.

樊根耀，2003. 生态环境治理的制度分析［M］. 咸阳：西北农林科技大学出版社.

樊芷芸，1997. 环境学概论［M］. 北京：中国纺织出版社.

方淑荣，2010. 环境保护［M］. 长春：吉林出版集团有限责任公司.

郭怀成，尚金城，张天柱，2001. 环境规划学［M］. 北京：高等教育出版社.

何燧源，2001. 环境污染物分析监测［M］. 北京：化学工业出版社.

洪宗辉，潘仲麟，2001. 环境噪声控制工程［M］. 北京：高等教育出版社.

黄功跃，2017. 环境监测与环境管理［M］. 昆明：云南科技出版社.

黄家矩，1994. 环境监测人员手册［M］. 北京：中国环境科学出版社.

孔繁翔，2000. 环境生物学［M］. 北京：高等教育出版社.

李广超，2017. 环境监测［M］. 北京：化学工业出版社.

李理，梁红，2018. 环境监测［M］. 武汉：武汉理工大学出版社.

李满，2007. 环境保护［M］. 北京：煤炭工业出版社.

李绍英，曾述柏，于令第，1995. 环境污染与监测［M］. 哈尔滨：哈尔滨工程大学出版社.

李焰，2000. 环境科学导论［M］. 北京：中国电力出版社.

廖润华，2017. 环境治理功能材料［M］. 北京：中国建材工业出版社.

林肇信，刘天齐，刘逸农，1999. 环境保护概论［M］. 北京：高等教育出版社.

刘德生，2001. 环境监测［M］. 北京：化学工业出版社.

刘凤枝，刘潇威，2007. 土壤和固体废弃物监测分析技术［M］. 北京：化学工业出版社.

刘贵利，2002. 城市生态规划理论与方法［M］. 南京：东南大学出版社.

刘培桐，1995. 环境学概论［M］. 北京：高等教育出版社.

刘天齐，2000. 环境保护［M］. 北京：化学工业出版社.

刘绮，潘伟斌，2004. 环境质量评价［M］. 广州：华南理工大学出版社.

鲁群岷，邹小南，薛秀园，2019. 环境保护概论［M］. 延吉：延边大学出版社.

马玉琴，1998. 环境监测［M］. 武汉：武汉工业大学出版社.

钱易，唐孝炎，2010. 环境保护与可持续发展［M］. 北京：高等教育出版社.

曲磊，2015. 环境监测［M］. 北京：中央民族大学出版社.

盛美萍，王敏庆，孙进才，2001. 噪声与振动控制技术基础 ［M］. 北京：科学出版社.

隋鲁智，吴庆东，郝文，2018. 环境监测技术与实践应用研究 ［M］. 北京：北京工业大学出版社.

唐海香，2005. 环境与健康 ［M］. 北京：煤炭工业出版社.

汪葵，2010. 噪声污染控制技术 ［M］. 北京：中国劳动社会保障出版社.

王凯雄，童裳伦，2011. 环境监测 ［M］. 北京：化学工业出版社.

吴邦灿，费龙，2005. 现代环境监测技术 ［M］. 北京：中国环境出版社.

吴长航，王彦红，2017. 环境保护概论 ［M］. 北京：冶金工业出版社.

奚旦立，孙裕生，刘秀英，2004. 环境监测 ［M］. 北京：高等教育出版社.

奚旦立，1998. 环境工程手册（环境监测卷）［M］. 北京：高等教育出版社.

谢炜平，2015. 环境监测实训指导 ［M］. 北京：中国环境科学出版社.

徐新华，吴忠标，陈红，2000. 环境保护与可持续发展 ［M］. 北京：化学工业出版社.

徐新阳，2004. 环境评价教程 ［M］. 北京：化学工业出版社.

杨承义，1993. 环境监测 ［M］. 天津：天津大学出版社.

姚运先，2008. 环境监测技术 ［M］. 北京：化学工业出版社.

叶文虎，2000. 环境管理学 ［M］. 北京：高等教育出版社.

曹荣湘，2015. 生态治理 ［M］. 北京：中央编译出版社.

张承中，1997. 环境管理的原理和方法 ［M］. 北京：中国环境科学出版社.

张国泰，1999. 环境保护概论 ［M］. 北京：中国轻工业出版社.

张兰英，饶竹，刘娜，等，2008. 环境样品前处理技术 ［M］. 北京：清华大学出版社.

朱良漪，1997. 分析仪器手册 ［M］. 北京：化学工业出版社.

邹美玲，王林林，2017. 环境监测与实训 ［M］. 北京：冶金工业出版社.

陈计留，2017. 新形势下环境监测科技的发展现状与展望 ［J］. 产业与科技论坛，16（15）：2.

李锦菊，王向明，李建，等，2011. 我国环境监测技术规范规划制订现状分析 ［J］. 质量与标准化（2）：4.

廖秀健，阳素，2006. 我国光污染立法现状及其防治措施 ［J］. 生态经济（1）：4.

秦勤，张斌，段传波，等，2007. 环境噪声自动监测系统研究进展 ［J］. 中国环境监测，23（6）：38-41.

万本太，蒋火华，2004. 论中国环境监测技术体系建设 ［J］. 中国环境监测，20（6）：4.

王亚军，2004. 光污染及其防治 ［J］. 安全与环境学报（1）：56-58.

王亚军，2004. 热污染及其防治 ［J］. 安全与环境学报，4（3）：85-87.

吴宣，朱坦，2011. 我国开展科技发展环境影响评价的必要性探讨 ［J］. 未来与发展，34（2）：5.

熊志刚，2001. 废水污染处理方法及其进展简介 ［J］. 环境与开发，16（3）：2.

姚水红，任新钢，2007. 科技发展诱发的生态环境负效应及其制度改善 ［J］. 科技进步与对策，24（12）：4.

詹秀娟，2011. 当代科技发展生态建构的伦理路向 ［J］. 社会科学家（11）：3.